记忆的本质是线索

石大伟 / 著

一切知识不过是记忆　一切记忆不过是线索

西北大学出版社

·西安·

图书在版编目（CIP）数据

记忆的本质是线索 / 石大伟著 . —西安：西北大学出版社，2022.5

ISBN 978-7-5604-4936-4

Ⅰ . ①记… Ⅱ . ①石… Ⅲ . ①记忆 – 研究 Ⅳ . ① B842.3

中国版本图书馆 CIP 数据核字（2022）第 082511 号

记忆的本质是线索

石大伟 著

出版发行　西北大学出版社
（西北大学校内　邮编：710069　电话：029-88302621　88303593）
http://nwupress.nwu.edu.cn　　E-mail:xdpress@nwu.edu.cn

经　　销	全国新华书店
印　　刷	徐州市卓美彩色印刷有限公司
开　　本	787 毫米 ×1092 毫米　1/16
印　　张	12
版　　次	2022 年 5 月第 1 版
印　　次	2022 年 5 月第 1 次印刷
字　　数	214 千字
书　　号	ISBN 978-7-5604-4936-4
定　　价	68.00 元

本版图书如有印装质量问题，请拨打 029-88302966 予以调换。

前言

一切知识不过是记忆，一切记忆不过是线索。

大家都知道，学习是有学习方法的。学习方法有哪些呢？或者说学习方法分为哪几个类别呢？想弄清楚这个问题，就要先弄清楚学习分为哪几个环节。

我们以学习"钻木取火"这项原始技能为例，来看一下学习的主要环节。

一位父亲想要教会自己的儿子钻木取火，大概会经历这样一个过程：

首先，这位父亲会带着儿子找来一根硬木棒、一段干木材以及一些枯叶等易燃物，然后给儿子做示范——他一边用硬木棒钻干木材，一边用嘴去吹，一边钻一边吹，慢慢地就生起火了。父亲一边做示范一边问儿子："你有没有理解呢？"儿子说："理解了。"这是学习的第一个环节：理解环节。

然后，父亲会再问儿子："你有没有记住呢？"儿子说："记住了。"父亲说："既然记住了，那你复述一遍吧。"儿子说："先找来一根硬木棒、一段干木材以及一些枯叶等易燃物，然后用硬木棒去钻干木材，一边钻一边吹，就生起火了。"记忆讲究的是准确，一定要是硬木棒和干木材，如果你找来的是一根易折的木棒或者是一段湿的木材，那是无法生起火的。这是学习的第二个环节：记忆环节。

最后，父亲会跟儿子说："既然你理解了，也记住了，那好，你去练习练习吧。"儿子听完后，就去找来一根硬木棒、一段干木材以及一些枯叶等易燃物，一边钻一边吹，一次不成两次，两次不成三次，最终成功了，那么他就完全掌握了这项技能。这是学习的第三个环节：应用环节。

由此看来，学习的第一步是理解，第二步是记忆，第三步是应用。理解了才好记忆，理解并记住了才能去应用；同样，不断地应用也能反过来加深理解和记忆。这就是学习的三个环节。

在学校的学习中，这三个环节分别对应着哪些学习场景呢？老师在课堂上教授知识和答疑解惑是为了让学生能够理解知识，因此"理解环节"对应的学习场景是"上课"；布置作业和定期考试是为了检测学生对知识的掌握情况，因此"应用环节"对应的学习场景是"作业"和"考试"。那"记忆环节"呢？它对应着什么样的学习场景呢？仔细思索，好像也只有早读课可以对应，而早读课上，最常见的场景就是学生自己在那儿反复地读，在那儿死记硬背。

学习分为理解、记忆和应用三个环节，学习方法也分为这三个类别，分别是理解方法、记忆方法和应用方法。大家再思考一下，这三种学习方法中，哪一种方法学校教得最多呢？是不是应用的方法，也就是解题方法和解题技巧等。其次呢，是不是理解的方法，老师在课堂上讲课就是为了让学生能够理解知识。但这只是理解的过程，具体怎样去理解，也就是理解的方法，老师很少会讲到。记忆的方法呢？课堂上教得多不多？据了解，大部分学校都不教，这是缺失最严重的环节。

理解、记忆和应用三个学习环节中，记忆环节是缺失的，而记忆在理解和应用这两个环节中是起着桥梁作用的。如果这座桥梁塌了，那么理解和应用这两个环节之间也就失去了联系。

所以，我们编写了本书，向大家介绍一种轻松高效的记忆方法——线索记忆法，这是我们拥有商标证书和版权证书的记忆方法。另外，本书还会介绍一种通用的知识梳理工具——思维导图，可应用于理解环节。希望通过对本书的学习，大家都能够掌握这种实用的记忆方法，提高学习效率，实现科学减负。

声明： 本书所举记忆法例子，仅为方便记忆使用，并无特别含义，请读者朋友周知。

一、基础记忆　线索记忆的基本功

（一）线索记忆的课程体系 ·········· 02
   1. 基础方法课程 ·········· 02
   2. 同步实例课程 ·········· 05

（二）线索记忆的四种连接方法 ·········· 10
   1. 元方法之线索法 ·········· 10
   2. 元方法之一对法 ·········· 13
   3. 元方法之一字法 ·········· 16
   4. 元方法之故事法 ·········· 17
   5. 四种元方法的总结 ·········· 19
   6. 组合的方法：定桩法 ·········· 21

（三）线索记忆的理论部分 ·········· 24
   1. 线索记忆为什么科学有效 ·········· 25
   2. 线索记忆与重复记忆的区别 ·········· 26
   3. 线索记忆与图像记忆的区别 ·········· 27
   4. 线索记忆与理解记忆的区别 ·········· 30

（四）学习线索记忆的价值 ·········· 33
   1. 学习线索记忆的基本价值 ·········· 34
   2. 学习线索记忆的深层价值 ·········· 35

二、数字记忆　数字类信息怎么记

（一）随机词语的记忆方法 ·········· 41
（二）100 个数字编码介绍 ·········· 43
（三）九九乘法表的记忆方法 ·········· 50
（四）三十六计的记忆方法 ·········· 51
（五）100 个天生动作介绍 ·········· 56
（六）随机数字的记忆方法 ·········· 59
   1. 随机数字的记忆方法之线索法 ·········· 59
   2. 随机数字的记忆方法之地点桩 ·········· 61
（七）手机号码的记忆方法 ·········· 62

三、思维导图　知识梳理的通用工具

（一）什么是思维导图 ·· 66
　　1. 思维导图的起源 ·· 67
　　2. 思维导图有效的原因 ······································ 68
　　3. 思维导图与传统笔记的区别 ······························ 70
　　4. 思维导图的分类 ·· 71
　　5. 思维导图的用途 ·· 72
　　6. 对思维导图的认知 ··· 72
　　7. 思维导图的分段 ·· 73
（二）怎样画思维导图 ·· 74
　　1. 思维导图的绘制技法 ······································ 74
　　2. "发"的思维导图 ·· 75
　　3. "收"的思维导图 ·· 76
　　4. 思维导图的局限性 ··· 80

四、语文记忆　语文知识点的记忆方法

（一）易错字词的记忆方法 ·· 82
　　1. 易错音的记忆方法 ··· 82
　　2. 易错字的记忆方法 ··· 84
（二）文学常识的记忆方法 ·· 86
　　1. 文人雅称的记忆方法 ······································ 87
　　2. 汉字的两种转化方法 ······································ 88
　　3. 借代词语的记忆方法 ······································ 91
　　4. 文学之最的记忆方法 ······································ 92
　　5. 作家并称的记忆方法 ······································ 93
　　6. 作品并称的记忆方法 ······································ 96
　　7. 作家简介的记忆方法 ······································ 98
（三）古诗词的记忆方法 ·· 99
（四）文言文的记忆方法 ·· 103
　　1. 记叙类文言文的记忆方法 ······························· 103
　　2. 议论类文言文的记忆方法 ······························· 108

五、史道地生　史道地生知识点的记忆方法

（一）历史同步知识点的梳理和记忆 ……………………………… 114
1. 七年级历史知识点的梳理和记忆实例 ……………………… 115
2. 八年级历史知识点的梳理和记忆实例 ……………………… 118
3. 九年级历史知识点的梳理和记忆实例 ……………………… 121

（二）道德与法治同步知识点的梳理和记忆 …………………… 124
1. 七年级道德与法治知识点的梳理和记忆实例 ……………… 125
2. 八年级道德与法治知识点的梳理和记忆实例 ……………… 129
3. 九年级道德与法治知识点的梳理和记忆实例 ……………… 132

（三）地理同步知识点的梳理和记忆 …………………………… 135
1. 七年级地理知识点的梳理和记忆实例 ……………………… 135
2. 八年级地理知识点的梳理和记忆实例 ……………………… 138

（四）生物同步知识点的梳理和记忆 …………………………… 140
1. 七年级生物知识点的梳理和记忆实例 ……………………… 140
2. 八年级生物知识点的梳理和记忆实例 ……………………… 142

六、单词记忆　单词音形义三元素全记牢

（一）记忆方法初步体验 ………………………………………… 147
（二）怎样选择字母组合 ………………………………………… 151
（三）选择哪些字母组合（自然拼读法） ……………………… 153
1. 单字母发音（26 个） ……………………………………… 154
2. 辅音组合发音（30 个） …………………………………… 155
3. 元音组合发音（31 个） …………………………………… 157
4. 自然拼读的局限性 ………………………………………… 158

（四）字母组合转化编码（编码故事法） ……………………… 158
1. 字母编码表（26 个单字母） ……………………………… 159
2. 拼读编码表（29 个辅音组合） …………………………… 160
3. 拼读编码表（23 个元音组合） …………………………… 161
4. 熟悉编码表（91 个字母组合） …………………………… 163
5. 单词应用实例 ……………………………………………… 166

（五）一种辅助记忆方法（汉语同音法） ……………………… 169
（六）三元单词法综合应用 ……………………………………… 173

后　记 ……………………………………………………………… 181

一、基础记忆

线索记忆的基本功

记忆的本质是线索

一

（一）线索记忆的课程体系

在开始方法学习之前，我们先来了解一下线索记忆的整个课程体系。线索记忆的课程分为两部分：一部分是基础方法课程，一部分是同步实例课程。

基础方法课程，顾名思义，就是关于最基础的方法的课程，包括线索记忆的方法部分（即四种元方法）、线索记忆的理论部分和数字部分（即数字类信息的记忆方法）。

同步实例课程，顾名思义，就是跟学校学习的各科目同步的记忆方法课程，包括三个部分，分别是语文的同步记忆方法、史道地生四大科目（此处"道"指道德与法治，简称为"道法"，后文同）的同步记忆方法和英语单词的记忆方法。

1. 基础方法课程

（1）方法部分

线索记忆的基础方法课程如图 1-1 所示。线索记忆法的应用步骤是"先转化后连接"，所以方法部分分成两块介绍：一是线索转化的方法，一是线索连接的方法。

线索转化的方法会根据具体内容融合在后面实例课程中介绍。线索连接的方法，我们经过多年的反复实践，最终提炼出来四种，分别是线索法、一对法、一字法和故事法。这四种方法我们称之为"元方法"，类似于化学中物质构成的基本元素，这是最小的组成部件，是不能再进行拆分的最基础的方法，其他的记忆方法都是这四种元方法的排列组合。掌握了这四种元方法，就可以解决各种类型知识的记忆问题。

在这四种元方法之外，我们还会介绍一下"定桩法"，这种方法在生活中应用得多一点，但在学习中几乎用不到。这种记忆方法就不属于线索记忆的元方法，而是四种元方法中两种方法的排列组合。

基础记忆 线索记忆的基本功

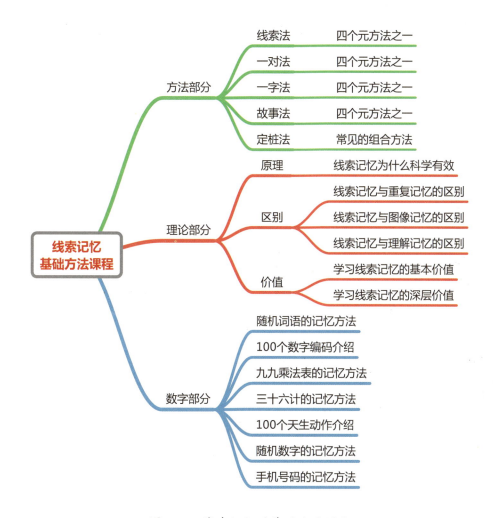

图1-1 线索记忆的基础方法课程

（2）理论部分

了解事物，既要知其然，也要知其所以然。学习这种记忆方法，我们既要会用，也要知道它背后的科学原理。这一部分主要介绍以下几个方面的内容：

①基本原理。包括线索记忆为什么科学有效，它背后的原理是什么样的，是否符合人类的大脑结构。

②线索记忆法与常见记忆方法的区别和联系。有可能大家知道重复记忆、理解记忆、图像记忆等，但是线索记忆还是第一次听说，那么线索记忆跟这几种记忆方法有什么区别或联系呢？

记忆的本质是线索

③学习线索记忆的价值和意义。为什么要选择学习线索记忆呢？这块内容要回答的就是这个问题。我们把学习线索记忆的价值分成两层，一层是基本价值，一层是深层价值。记忆方法的基本价值大家应该都知道，就是可以帮助我们在记忆知识的时候记得更快、记得更牢，可以帮助我们提升记忆效率和学习效率，从而让学习变得更轻松，并在学习的根本环节上实现真正的减负，等等。除了这些，学习线索记忆还有没有更深层次的价值呢？它对我们的成长，对我们的生活和对我们走入社会后从事的工作有没有更深层次的意义呢？这是这一部分要重点探讨的内容。探索线索记忆的深层价值也是我们多年来一直坚持研发和传播线索记忆法的内在动力。

（3）数字部分

我们中国人学习的主要知识载体是中文，中文文字的信息类型主要分为三类：汉字、数字和字母。汉字是学习中遇到最多的信息类型。在中学学习的九大科目中，承载知识的信息类型大部分都是汉字；数字类型也有一定的占比，如历史中的历史年代，地理中的经度、纬度、山高、水长，化学中的温度、湿度、熔点、沸点等；字母类型则主要体现在英语科目和各种理科公式中。

这三种信息类型的记忆效率是不一样的，应用线索记忆法后，从记忆效率的提升程度来说，数字＞汉字＞字母。我们多年的测试表明，熟练应用线索记忆法后，数字的记忆效率可以提升约 10 倍，汉字的记忆效率可以提升约 5 倍，字母的记忆效率可以提升约 3 倍。从记忆方法学习的难易程度来讲，这三种信息类型中，数字的记忆方法是最简单、最有规律的。也正是基于这两点，我们将数字类信息的记忆方法放在了基础方法课程里面来介绍。

"数字部分"的记忆方法学习主要分以下几部分内容：

① 随机词语的记忆方法。这是线索记忆法学习中最基础的内容，相当于舞蹈或武术中的劈叉和下腰，而且这些随机词语的选择也有一定的用意，它们与下面数字记忆方法的学习是一脉相承的。

② 100 个数字编码。前面我们介绍过，线索记忆的学习主要分为转化方法和连接方法两块内容，这里的数字编码就属于转化方法的内容。所谓编码，就是把无意义的东西转换成有意义的东西。数字和字母对于我们中国人来说是没有具体的指向意义的，需要先把它们转化成我们熟悉的信息类型，也就是汉字，然后才能应用线索记忆的连接方法来记忆。线索记忆共有两套编码表——数字编码表和字母编码表。这里介绍的就是数字编码表。

③ 九九乘法表的记忆方法。九九乘法表是数学学习的必背内容，如果采用死记硬背的方法，一般要背诵几十遍甚至几百遍，通过不断地重复才能记忆下来。这里我们将介绍怎样通过线索记忆的方法，让大家背几遍就可以将整张乘法表都背诵下来。

④ 三十六计的记忆方法。三十六计是中国古代经典。因为三十六计的每一计都是由一个数字和一个成语组成，如第十五计是"调虎离山"，第二十六计是"指桑骂槐"，内容比较简单，所以非常适用于数字记忆法的入门练习。这一块内容学完后，大部分人都可以做到将三十六计背诵下来，而且正背（从第一计背到第三十六计）、倒背（从第三十六计背到第一计）、点背（说第几计就知道是什么内容，或者说什么内容就知道是第几计）都没有问题。

⑤ 100个天生动作。所谓天生动作，就是某一个东西它天生就带有的、自然而然的动作，如猫的"抓"、狗的"咬"和狮子的"扑"等。将每一个数字编码的天生动作固定下来作为线索，可以明显地提升数字记忆的效率，也就是我们所说的"越固定越高效"。这一块会按顺序介绍100个数字编码所对应的100个天生动作。

⑥ 随机数字的记忆方法。随机给你6行×6列或8行×8列的一串数字，怎样能做到正背、倒背和点背都可以？书中会介绍两种记忆方法：一种是记忆界常用的"地点桩"，即把地点作为线索，也就是常说的"记忆宫殿"；另一种是不需要利用地点桩而直接记忆的方法，这也是我们首推的数字记忆方法。

⑦ 手机号码的记忆方法。手机号码是生活中常见的数字类型的信息，共有11位。除第一位数字1不需要记忆外，还有10个数字需要记忆。书中这一部分内容会介绍如何将10个数字和姓名之间做到一一对应的快速记忆。

2. 同步实例课程

线索记忆的同步实例课程的介绍如图1-2所示。

（1）语文同步

语文同步主要介绍三块内容，分别是易错字词、文学常识和同步课文。

① 易错字词。易错字词包含易错音和易错字两种类型。易错音（包含难读难认的音）利用四种元方法中的一对法即可快速记忆。易错字会介绍两种记忆方法：一种是线索记忆法中的一对法，另一种是理解记忆法。

② 文学常识。文学常识是学习线索记忆法时要重点介绍的内容。文学常识的知

记忆的本质是线索

识类型非常丰富，可以将线索记忆法的四种元方法及各种方法的组合都应用到，非常适合于练习线索记忆法。这一块将主要介绍文人雅称、借代词语、文学之最、作家并称、作品并称、作家简介等多种类型的文学常识的记忆方法。另外，还会穿插介绍一下线索转化的方法，因为从借代词语往后的知识类型记忆中都要用到线索转化的方法。我们会介绍两种线索转化的方法，这两种方法如同线索连接的四种元方法一样，可以应用于所有知识类型的线索转化，不需要额外再学习第三种线索转化方法。

③ 同步课文。同步课文主要介绍古诗词和文言文两种古文类型的记忆方法。由于语文学习重点的调整，现在中学学习中要背诵的课文，绝大多数都是古诗文。比如整个初中语文要背诵的课文中，只有《春》《白杨礼赞》《纪念白求恩》和《从百草园到三味书屋》这四篇是现代文（还有六首是现代诗歌），其余的则全是古诗文。古诗词方面，主要介绍绝句、律诗、古体诗、宋词和元曲等各种诗词类型的记忆方法。文言文方面，主要介绍两种记忆方法，一种是理解记忆法，一种是线索记忆法。文言文的理解记忆法是先用思维导图把文章的结构和骨架给梳理出来，这样文章就很容易理解了，然后再去记忆，理解了也就记住了。因为文言文的体裁主要分为记叙文和议论文两大类，这两类文言文的文章结构是不一样的——记叙类文言文主要包括人物、时间、地点，事件的起因、经过和结果等内容，而议论类文言文则主要包括论点、论据和论证等内容，因此我们也会从体裁方面来介绍文言文的两种不同的理解记忆方法。

（2）史道地生学科同步

这一部分主要包含初中历史、道法、地理和生物四门科目中各种知识类型的记忆方法。生物虽然是理科，但是因为要记忆的知识点非常多，被称为"理科中的文科"，因此我们把生物也放在这里来介绍。为了能介绍到每一种知识类型的记忆方法，我们以部编版教材为例，从每个科目的每个年级中各挑一课或一节作为实例来做介绍。历史挑选的是各个年级上册的第一课，分别是《中国早期人类的代表——北京人》《鸦片战争》《古代埃及》；道法挑选的也是各个年级上册的第一课，分别是《中学时代》《丰富的社会生活》《踏上强国之路》；地理和生物只有七年级和八年级两个年级学，所以地理挑选的是七年级上册第二章第一节《大洲和大洋》和八年级上册第二章第四节《自然灾害》；生物挑选的是七年级上册第二单元第二章第二节《动物体的结构层次》和八年级上册第五单元第一章第一节《腔肠动物和扁形动物》。

（3）英语同步

英语同步主要介绍的是单词的记忆方法。关于单词记忆，目前市面上的方法五花八门，有传统的词根词缀法，有国外传进来的自然拼读法，也有最近几年流行起来的模块故事法，但是这些方法都有一定的局限性，有的只能记住单词的音和形，有的只能记住单词的形和义，都没法做到将单词的音形义三元素结合记忆且全都记牢。本书介绍的单词记忆方法叫"三元单词法"，是线索记忆法在单词上的具体应用。之所以将其命名为"三元单词法"，是因为这既是一种可以将单词的音、形、义三元素全都记牢的方法，也是三种单词记忆方法的有机组合。三元单词法主要介绍六块内容，分别如下：

① 记忆方法初步体验。这一部分，我们将通过20个左右的单词来初步体验一下这种记忆方法的原理和效果。

② 怎样选择字母组合。三元单词法的核心之一是科学合理地选择字母组合，模块故事法之所以存在局限性，问题就在于字母组合的选择不合理。单词是表音文字，表音文字是由音节组成的，模块故事法在模块拆解时把很多单词的音节都从中间给拆开了，因此是不科学的。

③ 选择哪些字母组合。英语单词有26个字母，即便是两两组合也有676（即26×26）种字母组合的方式，我们不可能把每一种组合都记下来。在前面介绍了怎样科学合理地选择字母组合后，这里接着就是介绍具体要选择哪些字母组合。因为自然拼读法是根据单词音节进行的拆分，这种方法本身就包含着许多经过科学拆分的字母组合方法，因此这一块主要介绍的就是自然拼读中的字母组合。

④ 字母组合转化编码。前面介绍过，数字和字母都需要通过编码转化成有意义的信息类型后才能更好地找到线索连接起来，因此这一块介绍的就是怎样把字母组合转化成编码，重点会介绍三张编码表，分别是字母编码表、拼读编码表和熟悉编码表，最后通过单词应用实例来介绍这些编码的实际应用。

⑤ 辅助记忆方法。辅助的记忆方法叫"汉语同音法"，这种方法存在争议，有利有弊，这一块中我们会把它的利弊介绍清楚。

⑥ 三元单词法综合应用。就是在前面内容的基础上，通过一些应用实例，介绍以上三种单词记忆方法的综合应用。

记忆的本质是线索

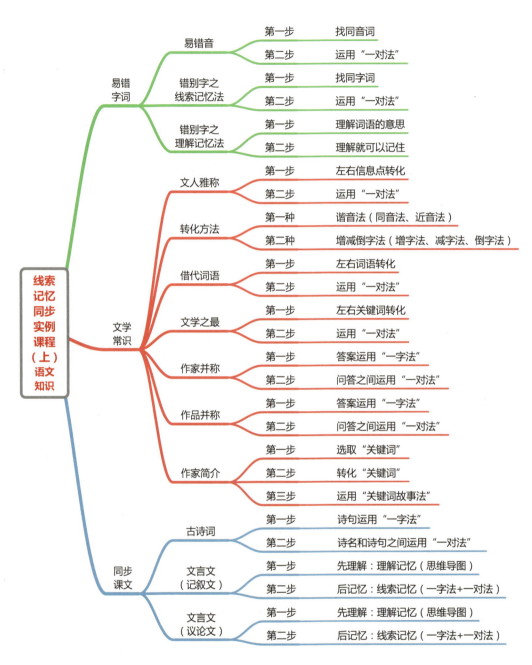

（转下页）

基础记忆 线索记忆的基本功

（接上页）

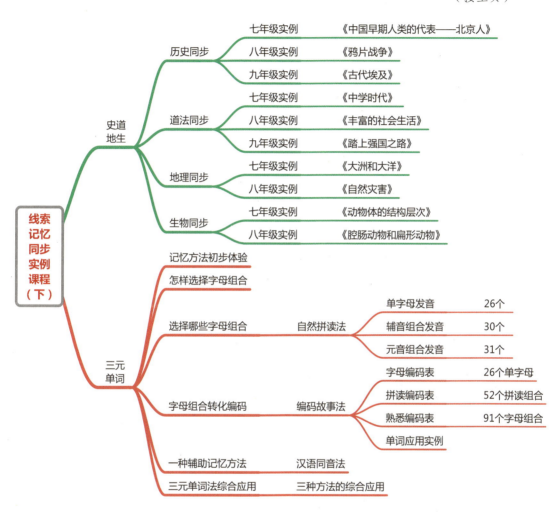

图1-2 线索记忆的同步实例课程

以上就是线索记忆法的整个课程体系，有方法部分也有理论部分，有数字信息类型的记忆方法（数字部分），也有汉字信息类型的记忆方法（语文同步和史道地生同步），还有字母信息类型的记忆方法（三元单词法）。

接下来就让我们一起走进好用又好玩的线索记忆世界！

记忆的本质是线索

（二）线索记忆的四种连接方法

线索记忆的方法主要有两块：一块是线索转化的方法，一块是线索连接的方法。线索转化的方法有两种，我们会在第四部分第二节中介绍。线索连接的方法有四种，我们把这四种方法称为"元方法"。之所以称之为元方法，是因为它们是最基本的、不能再进行细分的方法。这就相当于组成单词的 26 个字母——尽管单词的数量千千万万，但都是由这 26 个字母组成的。同样，尽管各科目中各种知识类型的记忆方法千变万化，但也都是基于这四种元方法的，都是这四种元方法的变式或是排列组合。

线索记忆的四种元方法分别是"线索法""一对线索法""一字线索法"和"故事线索法"，因为每个方法中都含有"线索"两个字，为了方便，我们这里简化一下，分别称之为"线索法""一对法""一字法"和"故事法"。

1. 元方法之线索法

我们先来做一个随机词语的记忆测试：下面共有 16 个词语，大家先自己记忆一下，测试看看在没有使用线索记忆法之前，两分钟内大概可以记住多少个词语。

蜗牛	小树	石榴	小猫
蝴蝶	犀牛	丝巾	小勺
鸡蛋	鹦鹉	气球	熊猫
足球	鳄鱼	耳机	钻石

大量的测试结果表明，一般人的记忆数量为 7 个左右，这也符合人类大脑的一条记忆规律，叫作"魔力之七"，就是一般情况下，人们一次能记住 7 个左右的记忆单元，比如 7 个数字、7 个字母或是 7 个词语（正常范围是 7±2 个，也就是 5～9 个）。

想要提高记忆效率，就得使用一些记忆方法。

我们先来看一下这 16 个随机词语的词性，是不是都是名词？对于这种类型的信息，我们要怎样使用线索记忆法呢？方法很简单，就是"加动词"，在两个名词中间加一个动词，让这两个名词因为新加的动词而连接起来。首先看一下前两个名词，

基础记忆 线索记忆的基本功

"蜗牛"和"小树",怎样加动词呢?这两个名词是有前后顺序的,是"蜗牛"在前,"小树"在后,要加的这个动词所表示的动作应该是由前面的名词(即"蜗牛")发出的,并且是施加在后面的名词(即"小树")身上的,意思也就是蜗牛怎么着了小树,而不是小树怎么着了蜗牛。蜗牛可以怎么着小树呢?蜗牛可以"爬"上小树,"爬"就是我们要加的动词。依此类推,这16个名词两两之间加动词后的连接见图1-3。

图1-3 随机词语连接示例

记忆的本质是线索

加完动词后大家再这样记忆一遍，记完后再来测试一下，看看能不能全部都记住。测试可以分三种方式进行，分别是正背、倒背和点背。正背就是从前往后背一遍；倒背就是从后往前背一遍；点背就是随便点出 16 个词语中的一个，分别说出它前面的一个词语和后面的一个词语，如点出"小勺"，可以根据动词回想到"小勺敲碎了鸡蛋""丝巾系在小勺上"，从而说出它后面和前面的词语分别是"鸡蛋"和"丝巾"。我们的测试结果表明，加动词后，绝大多数人看一两遍就可以将这 16 个随机词语记住，并能做到正背、倒背和点背皆可。

此时我们需要思考一下，为什么使用线索记忆法之前只能记住 7 个左右，而用了之后就可以全部都记住呢？用和没用线索记忆法前后的核心区别是什么呢？是不是仅仅因为加了个动词，就将原本孤立的两个名词给连接起来了？在线索记忆法中，这个动词就是"线索"，这种方法就叫作"线索法"，如图 1-4 所示。

图 1-4　随机词语线索法

原先的各个名词之间是没有任何联系的，加了动词之后，它们两两之间就连接了起来，两两之间连接起来后，整体就连接了起来，它的模型图如图 1-5。

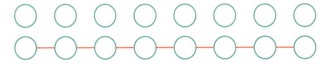

图 1-5　线索法模型图

这张图中的第一排是一个个单独的、孤零零的圈，第二排通过一根线将每个圈都给连接了起来，这条线就是"线索"。连接起来后，你拎起第一个圈，就可以将后面所有的圈都给拎起来；你拎起最后一个圈，也可以将前面所有的圈都给拎起来；

你随便拎起中间的哪一个圈，还是可以将它前后的两个圈甚至所有圈都给拎起来。这也是前面所说的实现正背、倒背和点背皆可的原理。是不是有了线索之后，记和忆都变得非常容易了呢？

线索法非常适用于三个及三个以上的"信息点"的记忆，像一些问答题，我们只需要找到答案中每一句话的关键词，然后把这些关键词利用线索法给连接起来就可以做到轻松记忆。

这里出现了一个名词——信息点，什么是信息点呢？信息点与知识点之间有什么区别和联系呢？

我们把要记忆的知识称为"知识点"，把知识点的最小组成单元称为"信息点"，因此，一个知识点通常是由多个信息点组成的。如"初唐四杰"分别为王勃、杨炯、卢照邻和骆宾王。这是一个知识点，这个知识点是由几个信息点组成的呢？王勃、杨炯、卢照邻和骆宾王，每一个人的名字都是这个知识点的一个最小的组成单元，因此这是 4 个信息点。这个知识点是不是只有这 4 个信息点呢？并不是，我们不要忘了前面还有"初唐四杰"这个问题，这也是一个信息点，因此这个知识点是由 5 个信息点组成的。通常情况下，知识点都是由问与答两部分组成的，问是一个信息点，答有 N 个信息点，因此，一个知识点一般是由 1+N 个信息点组成的。

信息点是线索记忆法中一个非常重要的概念。所谓的线索记忆，实际上就是找到线索，把信息点给连接起来后，也就把相应的知识点给记住了。这就是线索记忆的核心原理。

2. 元方法之一对法

一对法，全称一对线索法，顾名思义，就是要记忆的知识点，它的信息点组成是一一对应的，即一问一答，一个问题的正确答案只含有一个信息点，比如易错字的辨析，它的正确答案就只可能有一个。

我们先来看一个易错字的辨析，"关怀备至"还是"关怀倍至"？是"备"还是"倍"？好多人会答"倍"，即"关怀成倍地增加"。实际上，它的正确答案是"备"，而且只可能是这个。

这种类型的知识点怎么运用一对法来进行记忆呢？我们以"关怀备至"这个词为例，总共分两步：首先，找一个我们熟悉的含有"备"字的名词或是人的名字，

记忆的本质是线索

我们可以想到《三国演义》中的刘备是这个"备"字。然后,通过想象,把"刘备"和"关怀备至"这两个词语给连接起来,我们可以想象为"刘备对关羽和张飞关怀备至",下次如果分不清是"关怀备至"还是"关怀倍至"时,就会想到这句话,从而明白是"刘备"的"备",这样就不会再产生混淆。通过一对法,建立线索后,基本上一遍就可以把这个字给记住。

关怀备至?——关怀倍至?

找线索:备(刘备)
一对法:刘备对关羽和张飞关怀备至。

再看一个易错字,"平心而论"还是"凭心而论"?是"平"还是"凭"?好多人以为是"凭",即"凭着良心谈论",实际上正确答案是"平",即"平心静气地评论"。如何记忆呢?同样的方法,先找到一个我们熟悉的含有这个"平"字的名词或是人的名字,比如邓小平同志;然后通过想象,把"邓小平"和"平心而论"连接在一起,如我们可以想象为"即使是和一代伟人邓小平爷爷在一块儿聊天,我也可以做到平心而论"。如此,下次遇到"平心而论"和"凭心而论"无法分辨时,就会想到这句话,从而明白是邓小平的"平"字。

平心而论?——凭心而论?

找线索:平(邓小平)
一对法:即使是和一代伟人邓小平爷爷在一块儿聊天,
　　　　我也可以做到平心而论。

易错音的辨析也是用的这个方法,虽然有的易错音有多个读音,但就绝大多数易错音而言,在具体的词语中,它的读音是唯一的,所以它的字与音也是一一对应的关系。我们先看第一个例子:"翘首"中的"翘"字,是读"qiào"还是"qiáo"?正确的读音是"qiáo"。怎么来记忆呢?同样的方法,先找一个我们熟悉的且读"qiáo"这个音的字,我们可以找到"桥",可组词为"桥头";然后把"桥头"和"翘首"通过想象连接在一起,我们可以想象为"我站在桥头,翘首以待"。下次遇到"翘首",

不知道"翘"读什么音时,就会想到是站在桥头,从而明白是"桥头"中"桥"字的读音。

翘首

找线索：桥头

一对法：我站在桥头,翘首以待。

再看一个例子,"粗犷"中的"犷"字,是读"guǎng"还是"kuàng"？正确的读音是"guǎng"。先找到一个我们熟悉的读这个音的字,如"广州"的"广",然后把"广州"和"粗犷"通过想象连接在一起。一般人的印象中,南方人比较细腻,北方人比较粗犷,但是也有特殊的,我们可以想象为"广州也有粗犷的人",这样就把"广州"和"粗犷"连接在了一起。下次如果还分不清是哪个音,通过联想就能知道是"广州"中"广"字的读音。当然,选择出来的熟悉的词语并不是固定的,每个人都可以用到自己熟悉的不一样的词语。比如包含"广"这个字的词语还可以想到"广场舞",我们可以想象为"这种广场舞的动作很粗犷",也可以达到同样的记忆效果。

粗犷

找线索：广州

一对法：广州也有粗犷的人。

易错音或易错字辨析的记忆方法都是要先找到一个我们熟悉的"音"或是"字",将其作为记忆或回忆的线索,这种方法背后的原理是"以熟记生",即把我们熟悉的知识点作为线索,来记忆陌生的新的知识点。

综上所述,一对法特别适用于记忆由一一对应的两个信息点组成的知识点,即正确答案只含有一个信息点的知识点,如易错音辨析、易错字辨析、历史事件、文学之最和地理之最等等。它的模型图如图1-6所示。

图1-6 一对法模型图

记忆的本质是线索

由模型图可以看出，不同于线索法中有很多个圈，一对法中只有两个，只需要用一条线索就可以将这两个圈给连接起来，从而达到快速记忆的目的。

3. 元方法之一字法

一字法，全称一字线索法，其具体操作步骤是首先从要记忆的信息点中各挑选出来一个具有代表性的字，然后再把这些字进行排列组合，组成一句有意义的话。

我们先来看一个例子：京剧四大名旦分别是梅兰芳、程砚秋、尚小云、荀慧生。这个知识点的答案是由四个信息点组成的，分别是四个人的名字，这四个人的名字单独拿出来说大家有可能都知道，但是怎样把他们一个不落地全都记下来呢？首先，我们要从这四个人的名字中各挑选出来一个字，梅兰芳挑的是"梅"，程砚秋挑的是"程"，尚小云挑的是"尚"，荀慧生挑的是"荀"。然后，把挑选出来的这四个字组成一句有意义的话，通过多次排列组合的尝试，最后我们组成的是"程尚荀梅"。"程尚荀梅"本身也没有什么意义，但是通过同音转化，就变成了"城上寻梅"，这样就有了意义，这就是一字法。

连成"城上寻梅"后，这个知识点就记完了吗？还没有，在信息点的概念中我们也介绍过，这种知识点是由 1+N 个信息点组成的，所以这个知识点所含的信息点的数量是 5 个，还差一个信息点没有连起来，就是问题中的"京剧四大名旦"这个信息点。一问一答怎么相连呢？这是一一对应的情况，上节也介绍过，要用到一对法，也就是要把"京剧四大名旦"和"城上寻梅"再连接起来。我们可以想象为"京剧四大名旦相约一起去城上寻梅"，这样就形成了完整的线索链条，一个信息点也没有落下。下次回忆京剧四大名旦是哪四个人时，通过一对法的内容可以想到是"城上寻梅"，其中"城"是程砚秋，"上"是尚小云，"寻"是荀慧生，"梅"是梅兰芳。

通常情况下，一字法会和一对法搭配使用，因为一字法连接的是答案中的 N 个信息点，而一对法连接的是问和答这两大信息点。

京剧四大名旦

梅兰芳、程砚秋、尚小云、荀慧生
一字法：程尚荀梅（城上寻梅）
一对法：京剧四大名旦相约一起去城上寻梅。

再看一个例子：我国三大国粹分别是京剧、中医和国画。同样，先用一字法把答案中的三个信息点连接起来，我们挑出来的三个字分别是"剧""医""画"，排列组合为"医剧画"，再通过同音转化为"一句话"。接下来，用一对法将其和问题相连接，可以想象成"你能用一句话说出我国的三大国粹吗？"。这样问和答之间也连接了起来，也就形成了完整的线索链条。

我国三大国粹

京**剧**、中**医**、国**画**

一字法：医剧画（一句话）

一对法：你能用一句话说出我国三大国粹吗？

一字法非常适用于答案中有多个信息点的知识点的记忆，通常这种信息点都是由较少的字数组成的，一般为2~5个字，且都是我们已经熟悉的名词或是人的名字，如语文科目中的作家并称、作品并称，历史科目中的贵族等级、秦的暴政、三大战役，地理中的五湖四海、中国四大高原、世界三大宗教，生物科目中的四大组织、六大器官、八大系统等类型的知识点。

一字法的模型图如图1-7所示。

图1-7 一字法模型图

一字法中的每一个字既是记忆的线索，也是回忆的线索，把这些字通过一句有意义的话连接起来，形成一条完整的线索链条，就可以用于记忆。这种方法通过一个字来代表一个词语，实现了以点带线的效果。一字法与线索法的不同之处在于，一字法的每一个圈代表的是一个字，而线索法的每一个圈代表的是一个词语。

4. 元方法之故事法

故事法，全称故事线索法，顾名思义，就是把要记忆的信息点编成一个小故事，这样就可以把相应的知识点给记住。故事法大家或多或少都听说过，甚至可能用过，

记忆的本质是线索

这种方法是非常锻炼想象力的。我们先来看一个例子：老舍话剧的代表作分别是《龙须沟》《春华秋实》《残雾》《茶馆》《女店员》《方珍珠》《神拳》和《全家福》。这种类型的知识点怎么记忆呢？我们可以用之前介绍过的线索法，两两之间加个动词相连；也可以用一字法，从每个作品名中挑一个字，然后组成一句有意义的话。但这里呢，我们再换一种方法，用故事法，把这八部作品连同问题中的"老舍"这个信息点一块儿编成一个小故事。我们编成的小故事是这样的：有一天，老舍和他的家人来到一个山沟，这个山沟的形状特别像龙的胡须，所以叫"龙须沟"。山沟里面的景色很漂亮，春天开满了花，秋天结满了果实，可以说是春华秋实。他们这天来得有点早，山中还留有残雾，美丽极了。他们来这个山沟的原因，是因为这里有一家茶馆，茶馆里有一个女店员，她的名字叫方珍珠，她会表演神拳。看完神拳后，老舍一家人还拍了一张全家福才走。大家尝试记忆一下，看看是不是一两遍就可以全都记下来？是不是既快速又好玩？

我们再来看一个例子：《格林童话》中较有名的故事有《灰姑娘》《猫和老鼠做朋友》《小红帽》《白雪公主》《青蛙王子》《渔夫和他的妻子》《莴苣》。这个知识点同样可以编成一个小故事来记忆，我们编成的故事是这样的：《格林童话》中讲过一个故事，渔夫和他的妻子给灰姑娘送来一些莴苣，灰姑娘吃了之后摇身一变，变成了白雪公主。白雪公主戴着小红帽和青蛙王子结婚后，从此天下太平，猫和老鼠都能做朋友。大家再尝试记忆一下，看看是不是同样一两遍就可以完全记牢。

实际上，在我们的日常学习中，要记忆的知识点所含的信息点数量一般以 3～6 个居多，而像天下九州、中国十大歌剧、中国十大古典名曲这种含有信息点的数量达到 10 个甚至 10 个以上的，是非常稀少的。当然，即便是含有 10 个以上的信息点，使用故事法同样也可以做到轻松记忆，如图 1-8 所示。

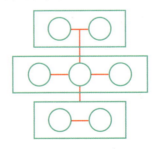

图 1-8　故事法模型图

故事法的模型图如上图所示，它跟之前的线索法、一对法和一字法的模型图不一样。它可以将其中两个信息点横着连接在一起，也可以将三个信息点横着连接在一起。如在《格林童话》的故事法举例中，"灰姑娘变成白雪公主"是两个信息点连接在一起的，"渔夫和他的妻子给灰姑娘送来一些莴苣"是三个信息点连接在一起的。不过，它们虽然是三三两两之间横着连接在一起，但是仍有一根主线将这三三两两之间竖着给连接在一起，如在老舍话剧代表作故事法举例中，这根主线就是"观看神拳表演"，这些横着的和竖着的连接都是线索。

我们以前学习过记叙文的六要素，即人物、时间、地点和事件的起因、经过、结果，同样这也是故事法的六要素。什么人在什么时间和什么地点做了一件什么样的事情，这件事情有起因、经过和结果，这是故事的一条主线，主线即是线索，所以说故事本身就是自带线索的，这就是故事法之所以有效的根本原因。

当然故事法在具体的应用中会有很多的变化，如：关键词故事法，即先从要记忆的信息点中挑出一些关键词，然后再把这些关键词编成一个故事；编码故事法，即先把数字或字母转化为编码，然后再把这些编码编成一个故事。还有，信息点少的可以用一句话故事法，信息点多的可以编成一个一两百字的完整故事。这些变化的方法在不同知识类型的记忆中都会应用到。

5. 四种元方法的总结

四种元方法模型图的总结如图1-9所示。

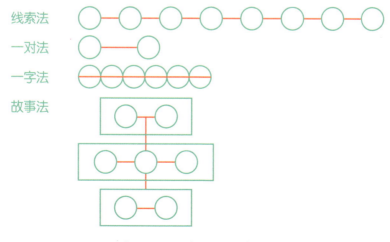

图1-9 四种元方法模型图

记忆的本质是线索

　　线索法是将信息点两两之间用一根线连接起来，它的模型图形状特别像一串珍珠项链；一对法只有两个圈，两个圈之间用一根线连接起来，模型图特别像锻炼身体用的哑铃；一字法的不同之处是它的每一个圈代表的都是一个字，两两之间没有间隙，然后用一根主线将它们连接起来，这根主线就是一句有意义的话，它的模型图形状特别像一串冰糖葫芦；故事法虽然是三三两两之间各有一根横线相连，但总体还是有一根竖线将这多组的"三三两两"给连接起来，它的模型图特别像蜂巢。

　　线索记忆四种元方法的模型图虽然形状各异，但它们的本质都是一样的，都是有一根线将各个信息点连接在一起，这根线就是线索。

　　四种元方法虽然只是基础，但是非常重要，因此一定要熟练地掌握。怎么可以判断自己已经熟练掌握了呢？有一个简单的判断方法，就是你可以到网上去搜索一些关于记忆的方法，或是回想一下你自己正在使用的一些记忆技巧，它们的名称和形式或许五花八门，但是如果你能迅速地分辨出它们是属于线索记忆四种元方法中的哪一种或是哪几种的排列组合，就表明你已经完全掌握了这四种元方法。

　　我们用图1-10来作为线索记忆四种元方法的总结。

图1-10　散落珍珠与珍珠项链

　　左边是一些散落的珍珠，右边是一根穿好的珍珠项链。左边就像是死记硬背，信息点是散落一地的，孤立存在的，两两之间是没有任何联系的；右边就像是我们现在学习的线索记忆，中间有一根线将所有的珍珠都给连接在一起。把所有的珍珠都捡起来就类似于在回忆知识点，哪一边的更好捡呢？很明显，是右边的珍珠项链。你随便拎起其中的一颗珍珠，所有的珍珠都跟着被拎了起来，就是因为中间有一根线。而左边散落的珍珠呢，如果你用手去抓，可能一把就抓完，也可能需要两次、三次，甚至更多次；如果你一颗一颗地去捡，那样速度会更慢，效率会更低。

从另一个角度来讲，记忆分为识记、保持和回忆三个环节，实际上主要是记和忆两个环节。记的目的是忆，是为了能够在需要使用的时候可以随时调用出来。大家仔细想一下，我们在回忆的时候，信息点是一个接着一个从脑袋里面蹦出来的，如果中间没有一根线将这些信息点牵着，当它们鱼贯而出时，我们怎么能保证所有的信息点都一个不漏地被回忆起来呢？

最后，我们用一句话来总结一下线索记忆法的四种元方法：

如果你让信息点都散落一地，记忆力怎么可能好！

如果你把信息点都连接起来，记忆力怎么可能差！

因此，没有记忆力差的头脑，只有使用错了的方法！

6. 组合的方法：定桩法

定桩法不是线索记忆的元方法，而是前面介绍的四种元方法中两种的组合，遵循"先体验后原理"的学习顺序，我们先来看几个例子。

（1）身体桩

身体桩是把人的身体部位作为桩子来记忆信息点。人的身体从上往下能够依次找出很多可以作为桩子的身体部位，常用的有10个、15个或是20个。我们这里以10个身体部位为例，从上到下，依次可用的有头发、眼睛、鼻子、耳朵、嘴巴、脖子、肩膀、肚子、手和脚。其中，前5个是头部的，后5个是身体躯干的。

我们去超市购物时大多会有一份购物清单，而且通常是把这个购物清单写在纸上，或者是记在手机上。现在，我们可以不用借助任何外物，直接用身体桩来进行记忆。比如说购物清单上要购买的物品分别是洗衣粉、卫生纸、味精、酱油、牙刷、拖把、面粉、酸奶、面条和苹果这10样——当然，如果你要购买其他数量的物品，你也可以选择相应数量的身体部位作为桩子。

怎样用身体桩来记忆购物清单呢？就是把购物清单上的每一件物品通过加动词的方式与做身体桩的身体部位依次相连，回忆时根据身体部位就可以将这些物品依次回想起来。比如第一件物品是洗衣粉，第一个身体部位是头发，这两者都是名词，且是一一对应的，因此运用一对法加动词的方式，可以想象为"用洗衣粉（洗）头发"，即可将它们连接起来。同样，第二件物品是卫生纸，第二个身体部位是眼睛，我们可以想象为"用卫生纸（擦）眼睛"，这样两者也连接了起来。照此方法，接

记忆的本质是线索

下来的物品和身体部位的连接依次可以是"鼻子（闻）味精""牙刷（刷）耳朵""嘴巴（吃）酱油""脖子（挂）拖把""肩膀（扛）面粉""酸奶（填）肚子""手（拿）面条""脚（踩）苹果"。这样，我们去超市购物时就可以通过身体部位，将想要购买的物品依次全部回忆起来，一样也不会落下。

运用身体桩时，身体部位是有顺序的，一般是从上往下，而物品与身体桩之间的连接是没有前后顺序的，如"洗衣粉（洗）头发"是物品在前，身体桩在后；"嘴巴（吃）酱油"是身体桩在前，物品在后。回忆时是以身体桩作为线索，只要通过身体桩能回忆起来对应的物品就行，两者之间没有严格的前后顺序。

（2）地点桩

地点桩，顾名思义，是把地点作为桩子来记忆信息点。比如我们要记忆10个随机词语的顺序，这10个随机词语分别是凤凰、大山、火球、卫星、奶牛、皇冠、牡丹、豌豆、野猪和绅士，我们可以用之前的线索法，加动词相连，这里我们换个方法，用地点桩。下面我们看看如何运用地点桩的方法来记忆。

想要使用地点桩，首先要有地点，所以使用地点桩的第一步是找地点。我们可以从家中比较熟悉的客厅和卧室两个地方入手，根据物品的摆放顺序，依次找出10件物品作为地点桩来使用。找地点是有顺序的，可以是顺时针的，也可以是逆时针的。比如按照顺时针的顺序，我们在客厅中依次找到的地点分别是台灯、长沙发、茶几、电视和绿植，在卧室中依次找到的地点分别是短沙发、床头柜、床、玻璃移门和书桌。怎样用这10个地点来记忆10个随机词语呢？跟身体桩的原理一样，依次把10个随机词语通过加动词的方式与10个地点相连即可。第一个词语是凤凰，第一个地点是台灯，我们可以想象为"凤凰（落）在了台灯上"；第二个词语是大山，第二个地点是长沙发，我们可以想象为"大山（压）在了长沙发上"；同样，剩余词语与地点桩的连接依次可以想象为"火球（砸）茶几""卫星（接收）电视信号""奶牛（吃）绿植""皇冠（放）在短沙发上""牡丹（摆）在床头柜上""豌豆（撒满）床""野猪（撞碎）玻璃移门""绅士（坐）在书桌前看书"。回忆时，我们就可以依次通过地点桩的顺序将这些词语回想起来。

地点桩也被称为"记忆宫殿"。相传有一群人正在一座宫殿里聚会，有一个人刚被朋友叫出大门时，忽然发生了地震，宫殿倒塌了，宫殿中的所有人都被压在了碎石下，面目全非，家属过来认尸时很难分辨清楚自己的家人。而当时出来的这个人，通过在宫殿中聚会时每一个人所在的位置，准确地将每一个人都识别了出来。比方说当时宫殿的台阶上站着谁，他在干什么；桌子边坐着谁，他在吃着什么；廊柱边站着谁，他在和谁聊天；等等。这就是以地点作为回忆的线索，复原了当时聚会的情形。

上面介绍了身体桩和地点桩，到底什么是桩子呢？桩子即木桩，以前人们用木桩来拴牲口，比如拴牛啊，拴马啊，拴羊啊，而在记忆法中用到的"桩子"则是拴信息点的。哪些东西可以用来作为桩子呢？它得满足两个条件：一个是熟悉，一个是有序。尤其要是我们熟悉的东西，如果我们连桩子都不熟悉，都想不起来，那么它上面拴的信息点也就无从想起。

前面说过，定桩法不是线索记忆的元方法，而是两种元方法的组合，大家通过身体桩和地点桩两个例子的体验，思考一下，定桩法是哪两种元方法的组合呢？其实，桩子是一串我们熟悉的有序的东西，是记忆和回忆的一条主线，这是线索法。（因为我们对桩子已经非常熟悉，所以不需要再在桩子之间加动词来将它们连接起来）每一个信息点与每一个桩子通过加动词一一相连，它们之间是一一对应的，这是一对法。所以，定桩法是线索法和一对法这两种元方法的组合。

根据所选桩子的不同，定桩法可以分成好多个类别，除了上面介绍的身体桩和地点桩外，常用的还有以下几种。

① 数字桩：数字是我们非常熟悉的，而且也是有序的，如11的后面是12，33的后面是34等，通过转化将数字变成编码（名词）后，就可以把这些编码作为桩子来使用。

② 语句桩：就是把一些我们熟悉的名人名言或是古诗词中的每一个字转化为名词后作为桩子来使用。如"床前明月光"这句唐诗流传了一千多年，我们是非常熟悉的，如果将它作为桩子，我们首先要把这五个字都转化成名词。"床"本身就是名词，不需要进行转化；"前"同音为"钱"，可以用一张百元大钞来代替；"明"增一个字为"小明"，是一个你熟悉的朋友的名字；"月"就是月亮；"光"可以想象成一个比较光亮的东西，比如可以用"灯泡"来代替。这样，五个字都转化成了名词，然后就可以将其作为桩子来使用。

③ 题目桩：问题都是一问一答的，答案中有几个信息点，就从问题中找几个字出来，把它们转化成名词后，再与答案中的几个信息点依次相连。如《南京条约》共包含四条内容，就先把"南京条约"这四个字通过上面的方法转化成名词后，再与这四条内容依次相连。

④ 万事万物定桩法：只要是我们熟悉的、有序的东西都可以拿来做桩子。比如

记忆的本质是线索

可以用汽车的部位作为桩子，一辆汽车从前到后可以依次找出前大灯、引擎盖、雨刮器、前挡风玻璃、方向盘、前排座椅、后排座椅、后备厢和后大灯等部位。每一种动物、每一种植物、每一种家用电器的组成部位都不一样，这些部位都可以作为桩子来使用，这就是万事万物定桩法。

定桩法种类这么多，看起来这么实用，我们是不是只要会用定桩法就可以了呢？当然不行，因为定桩法存在两大局限。

首先，定桩法比较适用于记忆临时信息，不太适用于记忆长期信息，而学习中的信息大都属于长期信息，这些信息我们最好是能一辈子记住而不忘，可以随时调用，因此定桩法不适合在学习上应用，而比较适合在生活中应用。比如前面介绍的用身体桩来记忆超市购物清单，这份超市购物清单我们只有在这次去超市购物时才会用到，用完之后就会忘掉，这就属于临时信息，它不需要一直拴在身体桩上。而且，如果用身体桩一直拴着同一个信息点，那么再用它来拴第二个信息点时就会产生混乱，再回忆这个身体桩时，就分不清到底是第一个信息点还是第二个信息点。

其次，既然是定桩法，就要借助桩子，桩子是为了记忆信息点而专门寻找的外部的东西，属于外部线索。但凡外部的东西都有不太可靠的一面，桩子也不例外，如之前所说，如果桩子都忘掉了，那么它上面拴的信息点肯定也就无从想起，这是定桩法的另一个局限。而线索记忆的四种元方法使用的都是内部的线索，不需要借助任何外部的东西，因此更可靠。在接下来的科目同步记忆方法的学习中，我们介绍的绝大多数记忆方法都是使用的内部线索，几乎不会用到外部线索。

（三）线索记忆的理论部分

凡事我们既要知其然，也要知其所以然。介绍完线索记忆的方法部分，接下来我们再来介绍一下线索记忆的理论部分，这一部分共包含以下四块内容：

（1）线索记忆为什么科学有效？（2）线索记忆与重复记忆的区别。（3）线索记忆与图像记忆的区别。（4）线索记忆与理解记忆的区别。

1. 线索记忆为什么科学有效

图 1-11 所示的是一个神经元的结构，也就是脑细胞的结构。左边膨大的黑色部分被称为细胞体，细胞体的四周有许多短而粗的分枝，这些分枝的形状非常像树枝，因此被称为树突。树突的主要功能是接收其他神经元传递过来的信息。中间有一根长的突起，是这个神经元细胞的主轴，因此被称为轴突。轴突的主要功能是将树突接收到的信息向右传导。右边的末梢也有很多分枝，分枝的尾部都有一个球状突起，这些突起部分被称为突触。

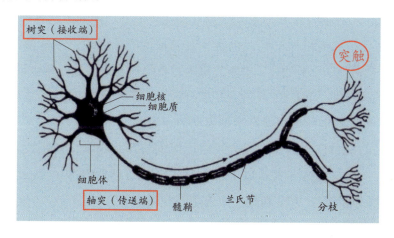

图 1-11 神经元的结构

突触是神经元之间互相连接的部位，是神经元连接的纽带和线索。神经兴奋就是通过突触在神经元之间进行传递的，而记忆则是属于神经兴奋的一种，因此记忆的建立与突触密切相关。机械记忆就是通过不断地重复来加强对突触的刺激，突触连接的持续时间决定了记忆保存的持续时间，长时记忆与突触形态、功能的改变以及新突触的建立有关。

一个生活中的例子也可以说明这一点，老年人群体中有一种常见疾病，叫作阿尔茨海默症，即老年性痴呆。这种疾病的一个显著特点就是记忆力变差，记不住东西。研究者在对患此病的老年人脑部进行检查时发现，他们神经元末梢的突触连接得非常松散，不像小孩子或者年轻人一样牢固。

我们知道，记忆是存储在脑细胞中的，脑细胞之间是靠突触相连的，突触就相当于是脑细胞之间互相连接的线索。脑细胞不是孤立存在的，而是互相之间有着千丝万缕的联系，这一点能给我们什么启示呢？那就是，我们要让记忆的信息点像脑

记忆的本质是线索

细胞一样连接起来。怎样能让信息点之间连接起来呢？就是要建立信息点之间的连接线索。只有符合脑细胞活动规律的记忆方法才是科学有效的记忆方法，而线索记忆法就是这样的一种记忆方法，这也是线索记忆法科学有效的根本原因。

2. 线索记忆与重复记忆的区别

想要弄清楚线索记忆与重复记忆的区别，可以先从两者的概念入手。

线索记忆：一种要在记忆的信息点之间建立连接，也就是建立线索的记忆方法。

重复记忆：一种通过不断地重复信息点来达到记忆目的的记忆方法。

重复记忆也被称为机械记忆，也就是我们常说的死记硬背。这种记忆方法的核心技巧就是"重复"，不断地读，不断地重复，因此重复记忆是一种被动的记忆方法，很难调动人的积极性。我们在不断重复的过程中，脑子大多时候都是放空的，根本不知道自己嘴里读的是什么，就是这种被动的表现。

线索记忆的核心技巧是什么呢？线索记忆需要找到线索，而找线索的主要技巧就是"想象"。线索记忆需要通过主动想象去寻找信息点内部相连的线索，是通过想象力来提升记忆力的，所以这是一种主动的记忆方法。

大家都会有这种感受，被动做事会让人感觉非常疲惫，因为它不是你内心的真实意图；而主动做事一般会感觉比较轻松，因为它是你发自内心的、积极主动的行为。线索记忆的优势也体现于此。

从脑细胞的结构来说，重复记忆的原理是通过不断地重复来刺激脑细胞中的突触，让突触变得更大，让突触之间的连接变得更紧密从而达到记忆的目的。说到根本，这种记忆方法是一种生理上的记忆方法，是通过不断地刺激身体的一个部位来达到记忆的目的，和你通过做俯卧撑来使肌肉变大的原理是一样的。但是人类的记忆过程本身是一种心理活动，而不是生理活动，它是属于认识心理学的研究范围。通过主动想象找到线索来记忆的方法才是符合心理学规律的记忆方法。**由重复记忆转为线索记忆，也是一种从生理记忆法向心理记忆法的转变。**

线索记忆的最大发现就是"线索是一切技巧型记忆法的本质"，线索是道，而方法是术。记忆方法可以千变万化，但其本质都是要找到线索。万变不离其宗，记忆方法的"宗"就是"线索"。只有找到记忆方法的本质，才能衍生出许多科学有效的具体操作方法。线索记忆法，归根结底一句话——"万法一条线"。

综上所述，线索记忆与重复记忆的核心区别首先在于有没有使用线索将信息点连接起来，其次是主动记忆与被动记忆的区别。同时，从重复记忆转为线索记忆，更是一种从生理记忆法向心理记忆法的转变。

3. 线索记忆与图像记忆的区别

不知道大家之前有没有学习过或是接触过图像记忆，如果没有接触过的话，我们可以先来了解一下。图像记忆的基本原理可以用一句话来概括：图像记忆就是先把信息点都转化成图像后再去记忆。那么线索记忆与图像记忆又有什么区别和联系呢？

我们先来做一个三秒钟的图像记忆测试：图 1-12 中有两幅图像，大家先把这两幅图像各看三秒钟，然后回忆一下，看看哪幅图像回忆起来的信息点更多。

图 1-12　拔萝卜与抽象图

各看三秒钟后，我们先来回忆一下第一幅图像，看看有哪些信息点。左边有一个橙红色的大萝卜，萝卜的右边有一个老奶奶在拉着萝卜的叶子，老奶奶的后面是一个小姑娘，小姑娘的后面有一只小狗在拽着她的衣服，后面好像还有一只小动物，具体是哪一种小动物，因为时间比较短，可能没有记清楚；所在的地方是一片草地，草地上长着一些树，草地的后方还有一些山丘，等等。我们可以回想起来好多的信息点。而第二幅图像呢，好像只记得有一些红色的和紫色的不规则图形和线条，还有一些小点儿，整体像是一个被打翻了的调色盘，除此之外，很难再想起其他的信息点来。

我们再来看一组图像，如图 1-13 所示。

记忆的本质是线索

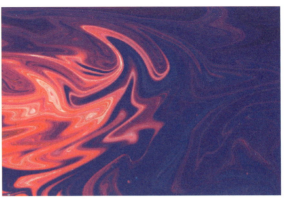

图 1-13　三只小猪与抽象图

各看三秒钟后，我们再来回忆一下这两幅图像包含的信息点。第一幅图像中，前面有三只小猪，左边小猪的衣服颜色是红色的，上面有个数字 5，中间一只小猪的衣服是黑白色条纹的，右边一只的是蓝白色条纹的。小猪的后面有两座房子，左边是一间黄色的草屋，右边是一间砖房。再往后面有一些松树和雪山之类的。而第二幅图像呢，好像也只有一些蓝色的、紫色的、红色的点和线条，也很难再想起其他的信息点来。

以上两组图像，如果给大家再长一点的时间去记，对于第一幅图像，可能会想起更多的细节和信息点来。而第二幅图像呢？即便时间再长一点，也只能回忆起这些信息点来。

每一组的两幅图像中，哪一幅更好记呢？很明显，都是第一幅。通常情况下，我们向事物的更深层次多问几个为什么，其本质很快就会浮现出来。因此我们追问一下，为什么第一幅图像更好记呢？大家思考一下，是不是因为第一幅图像的信息点都是我们比较熟悉的而且它们之间有着某些关系？那么我们再追问一下，第一幅图像的信息点之间包含着哪些关系呢？实际上，第一幅图像的信息点之间包含着很多的关系，它们分别是：

① 逻辑关系：第一组的第一幅图像中，老奶奶、小姑娘和几只动物是在拔萝卜，他们是在做一件事情，这是这几个信息点之间的逻辑关系。同样，第二组的第一幅图像中，几只小猪在玩耍，它们住着不同结构的房子，这是这几个信息点之间的逻辑关系。

② 位置关系：位置关系包括前后、上下和左右等等。例如，第一组的第一幅图像中，老奶奶的后面是小姑娘，小姑娘的后面是小狗，小狗的后面是小花猫，这是

这几个信息点之间的前后关系。第二组的第一幅图像中，上面是松树，下面是房子，这是上下关系；左边是一只穿红色衣服的小猪，中间是一只穿黑白色条纹衣服的小猪，右边是一只穿蓝白色条纹衣服的小猪，这是左右关系。

③ 形态关系：第一组的第一幅图像中，萝卜又圆又大，而后面的树因为距离远所以显得小；第二组的第一幅图像中，小猪很胖很大，松树也是因为远所以显得小，这是形态大小和远近的关系。

两组图像的第一幅中都包含着那么多的关系，所以才好记。而这些关系，就是线索。**图像之所以好记是因为它包含着很多的线索，所以图像记忆从本质上来说也是线索记忆。**一般情况下，图像比文字好记，正是因为图像比文字包含的线索更多，文字只有逻辑关系，没有位置关系和形态关系等。

由此可见，图像记忆的本质同线索记忆的本质一样，都是线索。如果你认为记忆的本质是图像，并在日常的应用中，将要记忆的信息点都先转换成图像后再去记忆，那么这个方向本身就是错误的，很容易让你走入记忆的死胡同。

所以，线索记忆与图像记忆的区别之一，就是图像只是表象，线索才是本质。

我们再来探问一下图像记忆：第一，是不是所有的知识点都必须先转化成图像后才好记呢？不转化成图像就没有好的记忆方法了吗？第二，是不是所有的知识点都能转化成图像呢？图像记忆是否具有通用性呢？

首先我们来看第一点，是不是所有的知识点都必须先转化成图像后才好记呢？

在前面我们介绍的易错音和易错字的记忆中，"翘首"中"翘"字的读音，"平心而论"中"平"字的辨析，就没有先转化成图像后再去记忆，我们只是找到了易错字的同字词和易错音的同音词作为线索，就把这些知识点轻松记住了。同样，在记忆京剧四大名旦时，用的是一字法，组成的一句话是"城上寻梅"，一样可以做到轻松记忆，也没有先转化为图像。由此可见，只要找到线索把信息点连接起来，照样可以做到快速记忆，没必要非得转化成图像。

我们再来看第二点，是不是所有的知识点都能转化成图像呢？图像记忆是否具有通用性呢？在我们中学学习的九大科目中，是不是各科目中的所有类型的知识点都可以转化成图像呢？答案是否定的。比如道德与法治这门课，几乎里面所有的知识点都是抽象的，怎样把它们转化成图像呢？不是不可以，是很难而且很费精力，有的甚至是与其把它们先转化成图像后再去记忆，还不如死记硬背来得快！又比如语文科目，文言文中的议论文，如孟子的文章《富贵不能淫》《生于忧患，死于安乐》

记忆的本质是线索

等，通篇都是论点、论据和论证等抽象的内容，如何把它们都转化成图像呢？还有理科中的一些概念、原理等等，不一而足。由此可见，有非常多的知识点是无法转换成图像的。由于有非常多的知识点无法转化成图像，所以图像记忆并不具有通用性。笔者从20世纪90年代读初中时就开始使用图像记忆，一直用到读大学，发现它对提升记忆力确实有一些帮助，但也仅仅是一小部分的知识点能够使用到，大部分的知识点因为无法转化成图像，还是用的死记硬背的老方法。

我们再深问一点，是不是大部分的知识点都可以找到线索呢？以我们编写中学九大科目的同步记忆产品的经验来看，我们能够非常有信心地回答：是的，在各种类型的知识点之间都可以找到线索。我们的同步记忆产品，就是把九大科目，特别是文科中的每一章、每一节、每一课和每一篇课文中涉及的知识点都用线索记忆的方法进行编制，当然也包括不适合用图像记忆的道德与法治科目中的知识点和语文科目中的议论性文言文等，学生可以直接拿去记忆，不需要自己再去一个一个地编制——当然，如果学生有更牢固的、更有趣的线索来组织信息点，也完全可以按照自己的方法来记忆。我们的课程原则就是："既授人以渔，亦授人以鱼"。

找到信息点之间的线索，就好比警察在破案时，要找到罪犯在现场留下的痕迹一样，毕竟再完美的罪犯也会在现场留下线索，就看这位警察有没有足够敏锐的观察力和丰富的想象力把它们给找出来。同样，对于学生来说，再复杂的知识点，只要你有足够敏锐的观察力和丰富的想象力，都可以找到线索并把它们给连接起来。

所以，线索记忆和图像记忆的区别之二是线索记忆具有通用性，适用于各大科目中各种类型知识点的记忆；而图像记忆因为无法用于不能转化成图像的知识点记忆，因此具有局限性。

综上所述，线索记忆和图像记忆的主要区别在于：图像只是表象，线索才是本质，图像记忆的本质也是线索记忆；同时，相比于图像记忆的局限性，线索记忆具有更广泛的通用性。

4. 线索记忆与理解记忆的区别

想要弄清楚线索记忆与理解记忆的区别，首先要弄清楚什么是理解记忆。理解记忆，大家都听说过甚至不知不觉都用到过。从字面意义上来说，理解记忆分为两个环节——"理解"环节和"记忆"环节，那么是先理解后记忆呢还是先记忆后理解呢？这个很好判断，就看你的理解力够不够。一般说来，不到10岁的小孩子，由于理解力还不够，所以是先记忆后理解，先记下来，再在日常的应用中不断地去体验，不断地去加深理解；而对于10岁以上的中小学生和成年人来说，随着理解力的不断增强，逐渐地就变成了先理解后记忆，理解了才好记忆，理解了也就能记住了。一个人理解力不够强的时候记忆力就会非常好，比如小孩子；理解力越来越强的时候，记忆力就会越来越差，比如中老年人。理解力和记忆力的此消彼长，像是跷跷板一样，在保持着某一种平衡。

同样的，我们要深问一句，理解记忆的本质是什么？只有找到本质，才能从根本上把它与其他的记忆方法区分开。由前述内容可知，理解记忆的关键环节是"理解"。大家仔细回想一下，我们之前在学习课本上的新知识时，或是在生活中理解一个新事物时，经历的是一个什么样的理解过程呢？实际上，理解的过程主要分两种，一种是"沿着内部的脉理解开"，另一种是"用旧知识来解释新知识"。

沿着内部的脉理解开，就好比庖丁解牛一样，"依乎天理""因其固然"，要沿着牛的天然的身体构造这一脉理去解牛，才可以做到轻松将骨肉分离，做到"技经肯綮之未尝"。我们在学习语文中的记叙文时，当你找出了文章中的人物、时间、地点和事件的起因、经过、结果这六大要素时，你就把这篇文章的内容给理解了；同样在分析议论文时，当你找到这篇文章的论点、论据和论证的过程时，你也就把这篇文章理解透彻了。这些都是属于沿着内部天然的脉理去把事物给解开。

在"用旧知识来解释新知识"这一理解过程中，旧知识是指我们大脑中已经存储的知识结构和生活经验，而新知识是指我们在学习中要学习的新的知识点或是生活中接触的新事物。在我们的学习中，特别是物理和化学等理科知识的学习中，课本上经常会写着一句话"结合你的生活经验"，这个"生活经验"就是旧知识，你要学习的内容就是新知识。比如我们学习物理中的惯性定律时，老师会举一个生活中的例子：当你坐车时，如果车辆在正常行驶中突然刹车，你会感觉身体往前倾；或是停着的汽车突然启动前进时，你会感觉身体向后倒，这个前倾和后倒就是惯性。这样，你就很容易地理解了惯性及惯性定律。这也解释了为什么学识渊博的人理解力都比较强，都比较聪明，就是因为他们的旧知识比较多，在遇到新知识时，他们总是能找到自己已经存储的旧知识来解释这个新知识，能做到举一反三，一点就透。

仔细回想一下，我们在使用理解记忆的时候，是不是常用第一种理解方法？也就是"沿着内部的脉理解开"？内部的脉理就是一条理解的主线，主线就是线索，因此，

记忆的本质是线索

理解记忆从本质上来说还是线索记忆。实际上，不论是第一种理解中的内部脉理，还是第二种理解中的旧知识，都是线索，而我们也都是借助这些线索才把新知识给理解了的。

理解记忆具有通用性吗？它有没有局限性呢？想要弄清楚这一点，我们首先要明白知识的类型。我们学习的知识主要分为两种类型，一种叫"概念性知识"，一种叫"事实性知识"。

概念性知识就是一些概念、原理或是公式之类的知识，是可以通过推理进行理解的知识。比如物理中，摩擦力是因为摩擦而产生的阻碍运动的力，压强是单位面积上压力的强度；又如化学中，化学性质是在化学变化中表现出来的性质，化合反应是由两种或两种以上的物质生成另一种物质的反应。这些知识都是一些概念，是可以通过推理进行理解的。在理科方面，大部分知识点都属于概念性知识。

事实性知识就是一些事实，是已经存在的、积累下来的知识，是无法利用推理去进行理解的知识。比如历史中，秦朝建立于公元前221年，明朝的建立者是朱元璋，这些都是史书中记载的，不是推理出来的，这些都是史实；又如地理中，世界上最高的山峰珠穆朗玛峰的高度是8844.43米（地理教科书中数据），它是测量出来的，不是推理出来的，这也是一个事实性知识。在文科方面，大部分知识点都属于事实性知识。

如果用一句话来概括概念性知识和事实性知识的区别，就是概念性知识是可以通过推理进行理解的知识，而事实性知识则是不可以通过推理进行理解的知识。理解记忆需要先理解后记忆，概念性知识是可以通过推理进行理解的，因此可以使用理解记忆。但是事实性知识是不能通过推理进行理解的，因此就无法使用理解记忆。由此可见，**理解记忆只适用于记忆概念性知识，而不适用于记忆事实性知识**。这就是理解记忆的局限，它不具有通用性。

事实性知识要怎么进行记忆呢？这就需要用到线索记忆法。实际上，线索也是有分类的，我们把线索分成两类：一类是天然线索，一类是人工线索。所谓天然线索，就是这个知识点内部本就存在的线索，你只需要通过抽丝剥茧的方式把它从中找出来即可。而人工线索呢，就是这个知识点本身它并不存在天然线索，我们需要人为加工出一条线索来。从线索的分类可以看出，概念性知识是可以找出天然线索的，而事实性知识就需要去加工人工线索。因此，理解记忆是属于"找到天然线索"的记忆方法，而线索记忆则是属于"加工人工线索"的记忆方法。

相比于事实性知识，概念性知识更好记。就像在我们的中学学习中，数理化等理科中的概念和公式，大家并没有花费多少精力就把它们轻松记住了，而在文科知识的记忆上却需要花费很多的精力。就是因为概念性知识都是有内部的天然线索的，所以才比较好记。而事实性知识之所以难记，就是因为它们并没有内部的天然线索。所以，对于这些事实性知识，既然它们没有天然线索，那么我们就需要加工出来一条人工的线索。

综上所述，理解记忆也是要找到线索来进行记忆，因此它也属于线索记忆，如图1-14所示。所以，完整的线索记忆体系实际上是包含理解记忆的。但是因为大家已经熟知了"理解记忆"这个名词，所以我们在整个线索记忆法课程中还是保留着这个叫法。

图1-14 理解记忆与线索记忆

理解记忆适用于记忆概念性知识，而线索记忆适用于记忆事实性知识，因此，这两种记忆方法通常是配合使用的，我们在后面介绍各科同步知识记忆时，就有一些是将理解记忆和线索记忆搭配在一起使用的。

最后，我们来总结一下线索记忆的理论部分：

（1）线索记忆为什么科学有效？因为它是符合脑细胞活动规律的记忆方法。

（2）线索记忆与重复记忆的区别：重复记忆无连接，而线索记忆有连接。

（3）线索记忆与图像记忆的区别：图像记忆本质上也是线索记忆，但它具有局限性，而线索记忆具有通用性。

（4）线索记忆与理解记忆的区别：理解记忆本质上也是线索记忆，理解记忆适用于记忆概念性知识，而线索记忆适用于记忆事实性知识，两者可以搭配使用。

（四）学习线索记忆的价值

学习线索记忆有什么价值呢？仅仅是为了提升记忆效率吗？还有没有什么更深

记忆的本质是线索

层次的价值呢？我们把学习线索记忆的价值分为两个部分：一个是基本价值，一个是深层价值。

1. 学习线索记忆的基本价值

前面我们介绍过，学习分为理解、记忆和应用三个环节，理解方法和应用方法学校里面教得多，而记忆方法却几乎不教，所以这个环节是存在缺失的。记忆是学习三个环节的中间环节，在理解和应用之间起着桥梁的作用，你理解了但是没有记住就无法去应用，因此记忆方法是需要专门去学习的。由此可见，线索记忆的一个基本价值是可以弥补学习中记忆环节的缺失。

通过前面线索记忆四种元方法的学习，大家可以体验到，用了线索记忆后，以前需要很多遍才能记住的知识点，现在一两遍基本上就可以轻松记住，记忆效率得到了极大的提升，学习效率也因此得到了提升。由此可见，线索记忆的又一个基本价值是可以提升学习的效率。

实际上，整个社会进步的一个重要标志就是各行各业效率的提升，判断一个东西有没有价值，有没有进步，就看它是不是比以前更快了、更远了、更高了或是更好了。通信行业从 1G 到 5G，网络速度越来越快，通信时延越来越短，这是进步；交通行业从马车、汽车到高铁、飞机，运行速度越来越快，通行时间越来越短，这也是进步……整个社会，各行各业的效率都在提升，但是作为学习重要一环的记忆方法，从古至今一直使用的都是死记硬背的老方法，始终都没有进步，而现在孩子学习的东西却越来越多，所以孩子的负担也就越来越重，给孩子减负成了一个重要的社会话题。怎样给孩子减负呢？减负的方法各式各样，有些地方规定，小学生用于作业的时间不能超过 1 个小时，初中生不能超过 2 个小时，高中生不能超过 3 个小时。因为有了量化的指标，所以很好去执行。但是我们仔细思考一下，本来孩子需要 2 个小时的时间才能掌握和巩固的知识，现在缩减成了 1 个小时，孩子的负担是减轻了，但是学习的效果似乎也打折扣了，这样的减负方法科学吗？

怎样减负才是科学减负呢？什么才是治本的方法呢？我们认为，**想要真正给孩子减负，治本的方法是要从学习的三个环节入手**。以前需要 2 个小时理解的知识，通过更新授课方式，改善理解方法，使其 1 个小时就可以理解；以前需要 1 个小时记忆的内容，通过学习记忆方法，提升记忆效率，使其 20 分钟就可以记牢；以前需要做 50 道题才能巩固的知识点，现在通过人工智能推荐算法，使其做 20 道题就可以巩固。同样是达到以前教学要求的学习效果，现在通过效率的提升，只需要以前一半的时间就可以做到，孩子的负担也就真正得到了减轻。因此，真正的减负方法是要从其根本，即学习的三个环节入手，提升效率，这才是科学的方法，也是治本的方法。线索记忆可以提升记忆效率，减少记忆时间，可以从根本上给孩子减负，是科学的减负方法之一，这是它的再一个基本价值。

综上所述，线索记忆的基本价值在于，它可以弥补学习中记忆环节的缺失，也可以提升学习的效率，同时也是一种可以从根本上为学生减负的学习方法。

2. 学习线索记忆的深层价值

线索记忆除了上面所说的基本价值外，还有没有其他更深层次的价值呢？

图 1-15　线索记忆流程图

图 1-15 是一张线索记忆的流程图，由图可知，线索记忆的本质是建立线索，建立连接，前面也介绍过，建立线索的核心技巧是想象，而想象过程锻炼的是想象力！

原本学习线索记忆想得到的"主产品"是提升记忆力，现在又额外得到了一个"副产品"——提升想象力，而且这个想象力的提升不需要你专门去训练。记忆知识点是学习的刚需，我们在记忆知识点的同时却意外锻炼了想象力，真的是一箭双雕。

实际上在人类的大脑中，想象力的价值要远远大于记忆力，记忆力相较于想象力，就好比芝麻相较于西瓜。你在运用线索记忆锻炼记忆力时，就好比你种下了一粒芝麻，收获的却不光有一堆芝麻，还有额外的一大堆西瓜。

创造力的核心是想象力，想象力是人类智力的核心，思维力需要用想象力去组织原来的旧知识来理解新知识，观察力也需要借助想象力来发现细节从而见微知著，记忆力更是需要依靠想象力来寻找线索以建立连接……

想象力、记忆力和创造力是人类智力的主要组成部分，那么这三者之间有着怎样的关系呢？

我们先来看一下想象力和记忆力之间的关系。前面也介绍过，线索记忆的核心

记忆的本质是线索

技巧是想象,因此通过线索记忆来训练记忆力就相当于是在训练想象力。从另一个角度来说,用死记硬背的方法来记忆东西,其核心技巧是重复,就像卓别林拧螺丝一样,重复得越多,人就会变得越呆板,想象力也会被慢慢抹杀掉。如果一个孩子的想象力没有经过任何的训练和雕琢,它就会像一条直线一样发展下去,而使用死记硬背的方法来记忆东西,就会让这条直线弯曲向下发展。但使用线索记忆则会让想象力得到锻炼,那么这条直线就会弯曲向上发展。这是上、中、下三种不同的效果。

训练记忆力=训练想象力,这是想象力和记忆力的关系之一。

另一方面,如果让一个想象力比较丰富的孩子来学习线索记忆,他的想象力越丰富,想象出来的线索就越有趣,信息点连接得也就越牢固,因此达到的记忆效果也就越好。也就是说,想象力越丰富,记忆力就越高效。这是想象力和记忆力的关系之二。

我们再来看一下想象力、记忆力和创造力之间的关系。想象力是创造力的发动机,这是大家公认的观点,古往今来伟大的发明家和科学家无不具备强大的想象力。但是仅仅有发动机,汽车就能跑起来吗?发动机再好,功率再高,如果没有汽油这种燃料,汽车也是跑不起来的。那什么是创造力的汽油呢?就是人类大脑中通过记忆力储存起来的知识素材!**想象力是发动机,记忆力是汽油,两者缺一不可**,如图1-16所示。

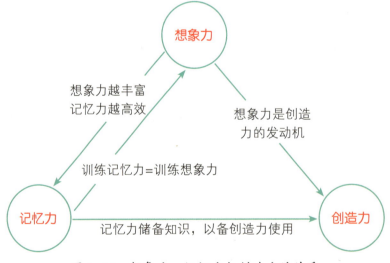

图1-16 想象力、记忆力与创造力的关系

我们举两个例子来佐证一下这个观点。苹果手机(iPhone)是一个具有划时代意义的发明,它把人类从功能手机时代带入了智能手机时代。智能手机比传统按键式

的功能手机多了一块可以触摸感应的屏幕,是支持十点触控的。大家都知道,彩色智能手机是苹果公司的乔布斯发明的,乔布斯这个人的创造力确实非常强大,第一台个人电脑也是他在自己家的车库中创造出来的。人的一生中能有两件改变世界的发明,说明乔布斯的想象力确实足够丰富。第一代 iPhone 的面世时间是 2007 年,大家想一想,智能手机那么重要,为什么没有被早一点发明出来呢?为什么不是 1997 年或者 1987 年或者更早呢?那是因为,智能手机所使用的触摸屏这个部件的制造技术直到 2007 年才成熟,才能量产,才能支持规模化的商用。乔布斯的想象力一直都很强大,但是他要等到触摸屏这个部件出现后,才能发明出智能手机。智能手机的诞生,乔布斯的想象力和触摸屏这个部件,两者缺一不可。

我们再看一个例子,后面学习单词记忆时会介绍到我们的单词记忆方法,叫作"三元单词法"。记单词到底是要记单词的什么内容呢?作为中国人,是要记住单词的读音、拼写和汉义,也就是音、形、义这三个元素。三元单词法是可以把单词的音、形、义三个元素都记牢的记忆方法,所以被命名为"三元单词法"。但是我们最初记单词用的方法并不是这个方法,而是"编码故事法"。编码故事法是先将一些字母组合转化成编码,再把单词拆成一个个编码,最后利用故事法将这些编码与单词的汉义连接在一起,这样就可以将单词的拼写和汉义都记住。大家从中可以发现,这个方法有一个缺陷,就是只记住了单词的拼写和汉义,并没有记住单词的读音,三元素缺了一个。怎样去记忆单词的读音呢?有个主流的记忆方法,叫作"自然拼读法"。拼读,顾名思义,能记住单词的拼写和读音,但是无法记住单词的汉义,因为自然拼读法是以英语为母语的人所使用的单词记忆方法,他们不需要记住单词的汉义,所以这个方法对于我们来说也是有缺陷的,也是三元素缺一个。编码故事法和自然拼读法都是三缺一,如果能把两者结合在一起,不就可以将单词的音、形、义这三个元素全都记住了吗?要怎样结合呢?这时候就需要发挥想象力。我们发现,自然拼读法中也有许多的字母组合,如果把它们转化成编码,而不是随机地找一些字母组合来编码,这样不就可以把这两种方法有机地结合在一起了吗?由此我们研发出了"三元单词法"。从这个例子大家可以看出,我们的想象力一直都是这样,为什么最初没有一步到位就推出三元单词法呢?就是因为最初我们并不了解自然拼读法,我们需要再额外学习和储备这个知识,然后才能更进一步研发出三元单词的方法。我们的想象力和自然拼读法这一素材,也是两者缺一不可。

通过以上苹果手机和三元单词法这两个例子,我们可以看出,新事物的发明都

记忆的本质是线索

是想象力和记忆力两者相结合的产物，由此，我们总结出了一个创造力的公式：

$$创造力 = 记忆力 \times 想象力$$

用这个公式也可以解释生活中的两个常见现象：一个生活现象是，大家公认小孩子的想象力比较丰富，为什么他们没有发明出实用的新东西呢？就是因为他们储备的知识还不够，想象力和记忆力两者缺一。虽然说生活中也有一些小小发明家，但是他们发明出来的东西往往并不具备实用性，而且好多是在父母和老师的帮助下才完成的。还有一个生活现象是，好多在学校里成绩非常好的学生，已经储备了足够多的知识，但是当他们走入社会，参加工作后，也没有创造出实用的发明来，为什么呢？这是因为他们的好成绩可能大多都是通过死记硬背得来的，在重复记忆的过程中，他们的想象力已经被扼杀了。对创造来说，想象力和记忆力是两者缺一不可的。小孩子缺的是知识，好学生缺的是想象力，所以他们都很难有实用的发明和创造。

科技进步的本质是创新，虽然说创新也跟其他的很多因素有关，比如资金、政策和供应链之类等等，但是从个人内部的角度来看，决定因素还是想象力跟记忆力。

图 1-17　线索记忆的深层价值

综上所述，并结合图 1-17，我们发现，线索记忆的深层价值在于，线索记忆不仅能提升记忆力，还能提升想象力；记忆力和想象力都提升的同时，创造力也会得到提升。这是传统的死记硬背这一方法所不具备的效果，同时也是线索记忆和死记硬背的根本区别所在。

线索记忆的深层价值所在也是我们坚持这份事业的意义所在！

二、数字记忆

数字类信息怎么记

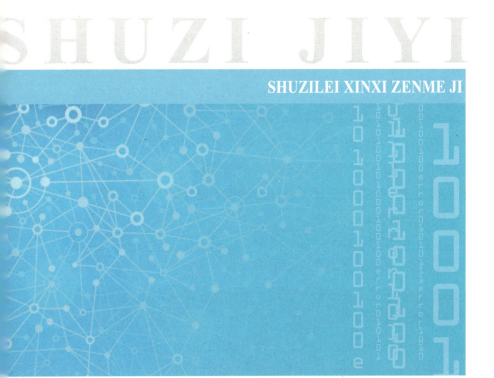

记忆的本质是线索

二

我们中国人学习的文字信息类型共有三种，分别是汉字、数字和字母。三者中，数字的记忆方法应用得最早，也最成熟，所以我们首先来介绍一下数字类信息的记忆方法。主要介绍以下七部分内容：

（一）随机词语的记忆方法：这是线索记忆法学习中最基础的内容，相当于舞蹈或武术中学习的劈叉和下腰。这些随机词语的选择有一定的用意，它们与下面数字记忆方法的学习是一脉相承的。

（二）100个数字编码：前面也介绍过，线索记忆的学习主要分为转化方法和连接方法两块内容，这块就属于转化方法的内容。所谓编码，就是把无意义的东西转换成有意义的东西。数字和字母对于我们中国人来说是没有具体的指向意义的，因此需要先将它们转化成我们熟悉的信息类型，也就是汉字，然后再应用线索记忆的连接方法来记忆，即先转化后连接。线索记忆共有两套编码表，一套是数字编码表，一套是字母编码表。这一块介绍的是数字编码表。

（三）九九乘法表的记忆方法：九九乘法表是数学学习中的必背内容，没有学习记忆法之前，可能大家大多靠的是死记硬背，孩子一般要背诵几十遍甚至几百遍，通过不断重复才能记下来。这一块我们会介绍怎样通过线索记忆的方法，只需要一到两遍就可以将整张乘法表背诵下来。

（四）三十六计的记忆方法：三十六计是中国古代经典文化。因为三十六计的每一计都是由一个数字和一个成语组成的，如第十五计是"调虎离山"，第二十六计是"指桑骂槐"，内容比较简单，所以非常适用于数字记忆的入门练习。这一块内容学完后，大部分人都可以将三十六计背诵下来，而且正背（从第一计背到第三十六计）、倒背（从第三十六计背到第一计）和点背（说第几计就知道是什么内容，或者说什么内容就知道是第几计）都可以。

（五）100个天生动作：所谓天生动作，就是某一个东西它天生就带有的、自然而然的动作，如猫的"抓"、狗的"咬"和狮子的"扑"等。将每一个数字编码的天生动作固定下来作为线索，可以明显地提升数字记忆的效率，也就是我们所说的"越固定越高效"。这一块会按顺序介绍100个数字编码所对应的100个天生动作。

（六）随机数字的记忆方法：就是随机给你"6行×6列"或"8行×8列"的一串数字，让你做到正背、倒背和点背。这一块会介绍两种记忆方法：一种是记忆界常用的"地点桩"（也叫"记忆宫殿"），即把地点作为线索进行记忆；另一种是直接记忆的方法，也是我们首推的数字记忆方法。

（七）手机号码的记忆方法：手机号码是生活中常见的数字类型的信息，共有11位，除第一位数字1不需要记忆外，还有10位数字，这一块会介绍如何将这剩余的10位数字和姓名之间做到一一对应的快速记忆。

（一）随机词语的记忆方法

随机词语的记忆方法在介绍线索记忆的四种元方法时已经介绍过，用的是四种元方法之一的线索法，也就是在词语之间加动词。随机词语的记忆是学习线索记忆的一个最基础的内容。进行随机词语练习时，如果你可以在3分钟时间内记住20个随机词语，并且能够做到正背、倒背和点背都没有问题，就算达标。它的进阶练习一般是从8个词语开始，然后是12个、16个，最后练习到20个即可，基本上三到五天就可以达到这个标准。

我们来看两个例子，首先是8个一组的随机词语，如下：

| 老虎 | 石榴 | 河流 | 山鸡 |
| 西瓜 | 闹钟 | 钻石 | 石山 |

首先在两个随机词语之间加一个动词，通过发挥想象力，加动词后，可以依次连接为"老虎（吃）石榴（扔）河流（冲）山鸡（啄）西瓜（砸）闹钟（震碎）钻石（镶满）石山"，即老虎在吃石榴，石榴扔进了河流里，河流冲走了山鸡，山鸡在啄西瓜，西瓜砸中了闹钟，闹钟震碎了钻石，钻石镶满了石山。记忆一到两遍后，大家先尝

记忆的本质是线索

试从前往后正背一遍，然后再尝试从后往前倒背一遍，最后再尝试随机抽出一个词语，分别说出它前面的和后面的词语，看看是不是都可以做到。

下面留一组随机词语，大家自己练习一下。

白狐	蝴蝶	泡泡	高跟鞋
恶囚	葫芦	机关枪	鳄鱼

我们再来看一组12个随机词语的记忆，如下：

火车	山鸡	感冒灵	旧旗
西瓜	球拍	老虎	蛇
葫芦	手套	熊猫	气球

通过发挥想象力，加动词后，可以依次连接为"火车（拉）山鸡（吃）感冒灵（**撒满**）旧旗（插）西瓜（**砸**）球拍（拍）老虎（扑）蛇（**缠**）葫芦（装）手套（抓）熊猫（放）气球"，即火车拉着山鸡，山鸡在吃感冒灵，感冒灵颗粒撒满了旧旗，旧旗插在西瓜上，西瓜砸中了球拍，球拍拍向老虎，老虎扑向了蛇，蛇缠着葫芦，葫芦里装着手套，戴着手套去抓熊猫，熊猫在放气球。同样记忆一到两遍后大家再尝试回忆一下，看看能不能做到正背、倒背和点背。

我们再留一组12个随机词语，大家自己练习一下。

斧儿	五角星	驴儿	企鹅
鸡翼	蚂蚁	鲨鱼	和尚
螺丝	狮	溜溜球	芭蕉

16个和20个的记忆方法也是一样，我们留两组词语，大家自己练习一下。

先是一组16个随机词语：

熊猫	筷子	三角凳	勺子
石榴	湿巾	泥巴	河流
恶霸	感冒灵	师傅	饲料
护士	牛蛙	骑士	泡泡

再是一组20个随机词语：

数 字 记 忆 数字类信息怎么记

蚂蚁	八路	拔丝	驴儿
流沙	油漆	斧儿	五环
司令	师傅	蜥蜴	丝巾
耳饰	闹钟	河流	恶囚
石榴	镰刀	葫芦	小树

大家可能有一个疑问，我们平时练习时，随机词语从哪儿来呢？大家可以做一些卡片，一张卡片的两面分别写下一个词语，做那么几十张。练习的时候，可以随机抽取一些卡片，把它们摆在书桌上、茶几上、床上或者地板上，一行摆4张，如果练习8个的话就摆2行，12个的话摆3行，16个的话摆4行，20个的话摆5行，随后就可以开始进行记忆练习。记忆完成后把卡片按照从左到右，从上到下的顺序收起来，方便接下来正背、倒背和点背时进行核对。

总结一下，随机词语的记忆方法很简单，就三个字——"加动词"。

（二）100 个数字编码介绍

什么是数字编码呢？数字编码就是把数字转化成名词，也就是数字的名词化。为什么要把数字转化成名词呢？因为对于我们来说，数字是抽象的，是没有具体指向意义的；同时数字和汉字也是两种不同的信息类型，无法在它们之间直接建立线索，而名词是最容易建立线索的，所以才把数字转化成名词。我们祖先在发明文字的时候也是最先发明的名词，其次是动词等。名词和动词在我们头脑中是最原始和最根深蒂固的，也是日常生活中接触最多的，所以也是最容易建立线索的。

我们需要把几位数的数字转化成编码呢？两位数，也就是从 00 到 99 共 100 个数字。为什么不是一位数或是三位数呢？因为一位数只有从 0 到 9 共 10 个数字，数量太少，无法用于记忆信息点比较多的知识点，如《道德经》是 81 句，《弟子规》是 90 句等。而三位数是从 000 到 999 共 1000 个数字，数量又太多，共有 1000 个数字编码，仅仅是记住这些编码就已经很费精力。因此，10 个编码数量太少，1000 个

记忆的本质是线索

编码数量又太多，100个编码不多不少，正好适用。

线索记忆共有几种编码呢？共有两种，分别是数字编码和字母编码。前面也介绍过，中文文字的信息类型共有三种，分别是汉字、数字和字母。汉字是我们的母语，是有意义的，因此不需要编码，而数字和字母对于我们来说是没有具体指向意义的，因此都需要先转化成编码后才好建立线索。当然有些汉字也是需要进行转化的，比如一些不好建立线索的抽象词语，也需要把它们先转化成好记的名词（转化方法后面会介绍），但是因为这些词语没有确切的数量，数量也比较多，无法固定下来，需要随用随转，所以也就无法做成编码。而数字和字母是有明确数量的，是可以固定下来的，比如数字是从00到99，共100个，字母中的单字母是从a到z，共26个，字母组合包括元音组合和辅音组合，这些组合的数量也都是固定的。只有数量可以固定下来且有限的信息类型才可以做成编码，因此线索记忆只有两种编码表，一种是数字编码表，一种是字母编码表。

怎样把数字转化成编码（名词化）呢？可以从三个方面入手，分别是数字的音、形、义，具体操作如下：

音：根据数字的读音把它们转化成名词，如25的谐音是"二胡"，46的谐音是"饲料"，78的谐音是"西瓜"，等等，这些谐音词都是名词。

形：根据数字的形状把它们转化成名词，如7像镰刀，8像葫芦，11像筷子，等等，这些词语也都是名词。

义：根据数字所代表的意义把它们转化成名词，如38是妇女节，可用"高跟鞋"来代表；51是劳动节，可用"工人"来代表；61是儿童节，可用"儿童"来代表，等等，这些词语也都是名词。

根据以上的方法进行转化后，线索记忆中的100个数字编码分别如表2-1所示。

表2-1 线索记忆数字编码表

数字	编码	方法	编码释义
00	熊猫	形	熊猫的两只圆圆的眼睛像00，所以00的编码为熊猫
01	小树	形	1的形状像小树，所以1的编码为小树
02	鹅	形	2的形状像鹅，所以2的编码为鹅
03	三角凳	义	三角凳有3条腿，所以3的编码为三角凳

续表

数字	编码	方法	编码释义
04	汽车	义	汽车有4个轮子,所以4的编码为汽车
05	手套	义	手套有5个手指,所以5的编码为手套
06	勺子	形	6的形状像勺子,所以6的编码为勺子
07	镰刀	形	7的形状像镰刀,所以7的编码为镰刀
08	葫芦	形	8的形状像葫芦,所以8的编码为葫芦
09	猫	义	传说猫有9条命,所以9的编码为猫
10	十字架	音	10的读音是"十",所以10的编码为十字架
11	筷子	形	11的形状像筷子,所以11的编码为筷子
12	椅儿	音	12可以读为一二,谐音为"椅儿"
13	医生	音	13可以读为一三,谐音为"医生"
14	钥匙	音	14可以读为幺四,谐音为"钥匙"
15	鹦鹉	音	15可以读为一五,谐音为"鹦鹉"
16	石榴	音	16可以读为十六,谐音为"石榴"
17	湿巾	音	17可以读为十七,谐音为"湿巾"
18	泥巴	音	18可以读为一八,谐音为"泥巴"
19	药酒	音	19可以读为幺九,谐音为"药酒"
20	香烟	义	一盒香烟有20根,所以20的编码为香烟
21	鳄鱼	音	21谐音为"鳄鱼"
22	双胞胎	义	22有两个2,可以想象为两个儿,所以编码为双胞胎
23	和尚	形	有的和尚头顶戒疤两列三行,所以23的编码为和尚
24	闹钟	义	一天有24个小时,所以24的编码为闹钟
25	二胡	音	25谐音为"二胡"
26	河流	音	26谐音为"河流"
27	耳机	音	27谐音为"耳机"
28	恶霸	音	28谐音为"恶霸"
29	恶囚	音	29谐音为"恶囚"

记忆的本质是线索

续表

数字	编码	方法	编码释义
30	三轮车	形	三轮车有3个轮子,轮子是圆形的,像3个0,所以30的编码为三轮车
31	鲨鱼	音	31谐音为"鲨鱼"
32	伞儿	音	32谐音为"伞儿"
33	钻石	音	33谐音为"闪闪",钻石是闪闪发光的,所以33的编码为钻石
34	绅士	音	34谐音为"绅士"
35	珊瑚	音	35谐音为"珊瑚"
36	山鹿	音	36谐音为"山鹿"
37	山鸡	音	37谐音为"山鸡"
38	高跟鞋	义	3月8日是妇女节,妇女经常穿高跟鞋,可以用高跟鞋来代表妇女,所以38的编码为高跟鞋
39	感冒灵	音	39可以读为"三九",容易联想到三九牌感冒灵,所以39的编码为感冒灵
40	司令帽	音	40谐音加字为"司令帽"
41	蜥蜴	音	41谐音为"蜥蜴"
42	柿儿	音	42谐音为"柿儿"
43	石山	音	43谐音为"石山"
44	蛇	音	44谐音为"唑唑",蛇发出的声音是唑唑声,所以44的编码为蛇
45	师傅	音	45谐音为"师傅"
46	饲料	音	46谐音为"饲料"
47	丝巾	音	47谐音为"丝巾"
48	丝瓜	音	48谐音为"丝瓜"
49	湿狗	音	49谐音为"湿狗"
50	奥运五环	形	奥运五环形状像5个0,所以50的编码为奥运五环
51	工人	义	5月1日是劳动节,所以用"工人"来代表
52	斧儿	音	52谐音为"斧儿"

续表

数字	编码	方法	编码释义
53	武僧	音	53谐音为"武僧"
54	护士	音	54谐音为"护士"
55	火车	音	55谐音为"呜呜",火车的声音是呜呜声,所以55的编码为火车
56	蜗牛	音	56谐音为"蜗牛"
57	机关枪	音	57谐音为"武器",武器太笼统,可用机关枪来代表,所以57的编码为机关枪
58	火把	音	58谐音为"火把"
59	五角星	音	59谐音为"五角",五角星是五个角的,所以59的编码为五角星
60	榴莲	音	60谐音为"榴莲"
61	儿童	义	6月1日是儿童节,所以61的编码为儿童
62	驴儿	音	62谐音为"驴儿"
63	流沙	音	63谐音为"流沙"
64	螺丝	音	64谐音为"螺丝"
65	老虎	音	65谐音为"老虎"
66	溜溜球	音	66谐音为"溜溜",可用溜溜球来代表,所以66的编码为溜溜球
67	油漆	音	67谐音为"油漆"
68	牛蛙	音	68谐音为"牛蛙"
69	太极	形	太极阴阳鱼的形状像69,所以69的编码为太极
70	冰淇淋	音	70谐音为"淇淋",即冰淇淋,所以70的编码为冰淇淋
71	鸡翼	音	71谐音为"鸡翼"
72	企鹅	音	72谐音为"企鹅"
73	鸡蛋	音	73谐音为"鸡蛋"
74	骑士	音	74谐音为"骑士"
75	西服	音	75谐音是"西服"

记忆的本质是线索

续表

数字	编码	方法	编码释义
76	犀牛	音	76谐音是"犀牛"
77	机器人	音	77谐音是"机器",可用更有意思的机器人来代表机器,所以77的编码为机器人
78	西瓜	音	78谐音是"西瓜"
79	气球	音	79谐音是"气球"
80	巴黎铁塔	音	80谐音是"巴黎",用巴黎铁塔来代表巴黎,所以80的编码为巴黎铁塔
81	蚂蚁	音	81谐音是"蚂蚁"
82	靶儿	音	82谐音是"靶儿"
83	芭蕉扇	音	83谐音加字是"芭蕉扇"
84	拔丝	音	84谐音是"拔丝"
85	白狐	音	85谐音是"白狐"
86	八路	音	86谐音是"八路"
87	白棋	音	87谐音是"白棋"
88	爸爸	音	88谐音是"爸爸"
89	芭蕉	音	89谐音是"芭蕉"
90	酒瓶	音	90谐音是"酒瓶"
91	球衣	音	91谐音是"球衣"
92	球儿	音	92谐音是"球儿"
93	救生圈	音	93谐音加字是"救生圈"
94	教师	音	94谐音是"教师"
95	酒壶	音	95谐音是"酒壶"
96	蝴蝶	形	蝴蝶张开的翅膀像96,所以96的编码为蝴蝶
97	旧旗	音	97谐音是"旧旗"
98	球拍	音	98谐音是"球拍"
99	双锤	形	双锤的形状像99,所以99编码为双锤。

以上就是线索记忆的数字编码表。数字编码表的种类有很多，比如图像记忆中也有数字编码表，网络上还有其他类型的数字编码表，每一种数字编码表的编码都不一样，到底哪一种数字编码表是比较好用且比较科学的呢？我们认为，一套好的数字编码表需要具备以下五个特征：

第一，**编码名词应是孩子都认识和有体验的**。只有认识和有生活体验的名词才比较容易建立线索。孩子认识的名词成人基本上都认识，而成人认识的名词孩子不一定认识，因此学生编码表和成人编码表是不一样的。比如37可以谐音为"相机"，有的数字编码表用的就是"相机"，但是现在好多孩子都没有用过甚至没有见过相机，只知道拍照用的是手机，所以对于孩子来说，这样的名词是不能作为数字编码使用的。

第二，**名词的特征尽量不相似**。编码表中使用特征相似的名词，在记忆时容易产生混乱，如62用了"驴儿"之后，最好就不要再用马儿、牛儿和羊儿等名词做编码。

第三，**名词应是容易发生动作的**。我们在前面介绍过，线索法中，名词的记忆方法是加动词，名词和动词是最容易产生线索的两类词性，所以编码对应的名词也应是容易加动词的，最好是会主动发出动作的。比如在有些数字编码表中，96用的编码是"酒楼"，酒楼怎么主动去发出动作呢？如果96编码为蝴蝶的话，就可以想象是一只蝴蝶停在了一个东西的上面。

第四，**名词的天生动作尽量不相似**。随机数字的记忆中会用到名词的天生动作，就是这个名词天然的自带的动作，我们是用这个动作将名词相连的。如果编码的天生动作相似，就像名词的特征相似一样，也容易产生混乱。如97的编码"旧旗"的天生动作是"插"，其他的编码就尽量不要再使用"插"这个动作，因为一样的动作很容易混淆。

第五，**人物名词尽量少且要带道具**。因为人的特征基本上都差不多，不像各种动物的特征区别那么大，特征少线索就少，所以在数字编码表中要尽量少用人物名词，线索记忆的整个数字编码表中只用了15个人物名词。另外，因为人物的天生动作基本上都很相似，都是拳打脚踢之类的，违反了"天生动作尽量不相似"的原则，也容易产生混乱，所以要给每个人物名词带上相应的道具。因为道具的天生动作是不一样的，这样就不会产生混乱。例如，13的编码"医生"的道具是手术刀，手术刀的天生动作是"割"；51的编码"工人"的道具是铁锹，铁锹的天生动作是"铲"；94的编码"教师"的道具是粉笔，粉笔的天生动作是"写"，等等。

线索记忆的数字编码表是满足以上五个特征的，大家可以放心使用。数字编码

记忆的本质是线索

表一定要记熟，要做到烂熟于心，说出数字可以瞬间反应出编码，说出编码也可以瞬间反应出数字，做到一一对应、印刻于心，这样在记忆数字类信息时就可以把这些编码当作线索来使用。当然在各科目知识点的同步记忆中，我们也可以根据实际情况，现场来进行线索转化。

（三）九九乘法表的记忆方法

学习完数字编码后，学习和生活中的好多数字类信息都可以使用数字编码来进行记忆，当然不同的数字信息类型会用到不同的线索记忆连接方法。

九九乘法表是小学数学必背内容之一，如果死记硬背，通常需要花费很多精力，背诵几十遍甚至上百遍才能记忆下来，既浪费时间，又打击了孩子学习的积极性。如何利用线索记忆来背诵九九乘法表呢？

我们举一个例子，6×8=48，读法是"六八四十八"，从这个读法中可以看出，左边有一个两位数的数字68，右边也有一个两位数的数字48，一左一右，一一对应，那可以用到线索记忆的哪种元方法呢？很显然是一对法。两边各是一个两位数的数字，也就各是一个数字编码，只需要在这两个编码之间加一个动词即可建立线索。68的编码是"牛蛙"，48的编码是"丝瓜"，可以加一个动词"吃"，"牛蛙吃丝瓜"，这样就可以将两边连接在一起。每当回忆时，68等于多少？68的编码是"牛蛙"，"牛蛙吃丝瓜"，丝瓜对应的数字是48，所以"六八等于四十八"，这样一两遍就可以记牢。

依此类推，九九乘法表除第一列外的线索记忆方法编排如表2-2所示。

表2-2 九九乘法表的线索记忆方法

2×2=4 双胞胎**开**汽车		
2×3=6 和尚**拿**勺子	3×3=9 钻石**镶**小猫	
2×4=8	3×4=12	4×4=16

数字记忆 数字类信息怎么记

闹钟**震**葫芦	绅士**坐**椅儿	蛇**缠**石榴					
2×5=10	3×5=15	4×5=20	5×5=25				
二胡**锯**十字架	珊瑚**砸**鹦鹉	师傅**抽**香烟	火车**拉**二胡				
2×6=12	3×6=18	4×6=24	5×6=30	6×6=36			
河流**冲**椅儿	山鹿**陷**泥巴	饲料**盖**闹钟	蜗牛**骑**三轮车	溜溜球**捆**山鹿			
2×7=14	3×7=21	4×7=28	5×7=35	6×7=42	7×7=49		
耳机**夹**钥匙	山鸡**啄**鳄鱼	丝巾**捆**恶霸	武器**射**珊瑚	油漆**刷**柿儿	机器人**养**湿狗		
2×8=16	3×8=24	4×8=32	5×8=40	6×8=48	7×8=56	8×8=64	
恶霸**吃**石榴	高跟鞋**踩**闹钟	丝瓜**敲**伞儿	火把**烧**司令帽	牛蛙**吃**丝瓜	西瓜**砸**蜗牛	爸爸**拧**螺丝	
2×9=18	3×9=27	4×9=36	5×9=45	6×9=54	7×9=63	8×9=72	9×9=81
恶囚**玩**泥巴	感冒灵**塞**耳机	湿狗**咬**山鹿	五角星**插**师傅	太极**打**护士	气球**吊**流沙	芭蕉**缠**企鹅	双锤**砸**蚂蚁

（四）三十六计的记忆方法

三十六计，顾名思义，共有36条计策，如第四计是"以逸待劳"，第十五计是"调虎离山"，第二十八计是"上屋抽梯"。三十六计中的每一计都是由一个数字和一个词语这两个信息点组成，是一种一一对应的关系，因此可以利用线索记忆法中的一对法来进行记忆。因为这里一对法中一边的信息类型是数字，所以这种一对法也被称为数字桩。

我们来看一下第一计"瞒天过海"，首先我们要了解这条计策是什么意思，然后再把数字编码和这条计策的意思相连。"瞒天过海"本指光天化日之下不让天知道就过了大海，形容极大的欺骗和谎言，用欺骗的手段，暗中行动。1的编码是小树，怎样把小树和瞒天过海的意思相连呢？发挥想象力可以想到，是躲在一棵小树的下面从海上漂过，才做到的瞒天过海。下次回忆时，第一计是什么呢？1的编码是小树，是躲在一棵小树下面过的大海，因此是瞒天过海。同样，瞒天过海是第几计？可以回想是怎样过的大海，是躲在一棵小树的下面，编码小树对应的数字是1，所以是第一计。这样，就可以做到数字和计策之间一一对应的记忆。

依此类推，其他35个计策的记忆方法分别如下。

记忆的本质是线索

◎ **第二计　围魏救赵**

计策释义：本指围攻魏国的都城以解救赵国，现借指用包抄敌人的后方来迫使对方撤兵的战术。

数字桩：（2的编码是鹅）派一群鹅去围攻魏国能解救赵国吗？

◎ **第三计　借刀杀人**

计策释义：比喻自己不出面，假借别人的手去害人。

数字桩：（3的编码是三角凳）他让别人拿着一个三角凳去杀人。

◎ **第四计　以逸待劳**

计策释义：指作战时不首先出击，养精蓄锐以对付远道而来的疲劳的敌人。

数字桩：（4的编码是汽车）坐在汽车里养精蓄锐，以逸待劳。

◎ **第五计　趁火打劫**

计策释义：本指趁人家失火的时候去抢东西，现比喻趁紧张危急的时候侵犯别人的权益。

数字桩：（5的编码是手套）他戴好了一副手套准备趁人家失火的时候去抢东西。

◎ **第六计　声东击西**

计策释义：表面上宣扬要攻打东面，其实是攻打西面，军事上使敌人产生错觉的一种战术。现指故意迷惑对方，使其产生错觉的一种策略和方法。

数字桩：（6的编码是勺子）他手拿勺子当令旗，宣扬要攻打东面，其实是攻打西面。

◎ **第七计　无中生有**

计策释义：原指本来没有却硬说有，现形容凭空捏造。

数字桩：（7的编码是镰刀）我没有私藏镰刀，你非说有，你这是无中生有。

◎ **第八计　暗度陈仓**

计策释义：正面迷惑敌人，从侧翼进行突然袭击，比喻暗中进行活动。

数字桩：（8的编码是葫芦）把士兵装在一个大葫芦里面偷偷地运送到敌军后方，这叫暗度陈仓。

◎ **第九计　隔岸观火**

计策释义：隔着河看对岸的火，比喻对别人的危难不予援救而在一旁看热闹。

数字桩：（9的编码是猫）一只小猫隔着河岸在观看对岸的火。

◎ 第十计 笑里藏刀
计策释义：比喻外表和气而内心阴险。
数字桩：（10的编码是十字架）胸前佩戴十字架的人，也有笑里藏刀的。

◎ 第十一计 李代桃僵
计策释义：原指桃、李共患难，比喻兄弟相爱相助，后来借指以此代彼或代人受过。
数字桩：（11的编码是筷子）这双筷子是分别用桃树和李树的树木做的。

◎ 第十二计 顺手牵羊
计策释义：顺手就牵了羊，比喻不费劲，顺便拿走别人的东西。
数字桩：（12的编码是椅儿）我坐在椅儿上时，看到有人牵走了你家的羊。

◎ 第十三计 打草惊蛇
计策释义：打动草惊动了藏在草里的蛇，后用以指做事不周密，行动不谨慎，而使对方有所觉察。
数字桩：（13的编码是医生）医生拿着手术刀割草时，惊到了一条蛇。

◎ 第十四计 借尸还魂
计策释义：迷信传说人死后灵魂可能借别人的尸体复活，比喻已经消灭或没落的事物，又假托别的名义或以另一种形式重新出现。
数字桩：（14的编码是钥匙）他用钥匙打开棺材后躺进去，准备借尸还魂。

◎ 第十五计 调虎离山
计策释义：设法使老虎离开山头，比喻为了便于行事，想法子引诱相关的人离开原来的地方。
数字桩：（15的编码是鹦鹉）一只鹦鹉跟老虎交流后，将老虎调离了山头。

◎ 第十六计 欲擒故纵
计策释义：想要捉住他，故意先放开他，比喻为了进一步的控制，先故意放松一步。
数字桩：（16的编码是石榴）他摘石榴用的方法是"欲擒故纵"，就是先故意往回松一下，然后猛地一拉就摘下来了。

◎ 第十七计 抛砖引玉
计策释义：抛出去一块砖，引回来一块玉，比喻以自己粗浅的意见引出别人高明的见解。

记忆的本质是线索

数字桩：（17 的编码是湿巾）用湿巾将这块砖擦干净后抛出去，可以引来一块玉吗？

◎ 第十八计 擒贼擒王

计策释义：作战要先擒拿主要敌手，比喻做事要抓关键。

数字桩：（18 的编码是泥巴）如果你擅长在泥巴中作战，就把敌军的首领引过来，来个擒贼擒王。

◎ 第十九计 釜底抽薪

计策释义：从锅底抽掉柴火，比喻从根本上解决问题。

数字桩：（19 的编码是药酒）他在熬药酒时，你不要将柴火从锅底抽走。

◎ 第二十计 浑水摸鱼

计策释义：在浑浊的水中，鱼晕头转向，乘机摸鱼，比喻趁混乱时机攫取不正当的利益。

数字桩：（20 的编码是香烟）用香烟灰将水搅浑，可以做到浑水摸鱼吗？

◎ 第二十一计 金蝉脱壳

计策释义：蝉变为成虫时要脱去幼虫时的壳，比喻用计脱身。

数字桩：（21 的编码是鳄鱼）鳄鱼想抓一只金蝉，结果金蝉脱壳了，没有抓住。

◎ 第二十二计 关门捉贼

计策释义：关起门来捉进入屋内的盗贼。

数字桩：（22 的编码是双胞胎）双胞胎一个去关门，一个去捉贼。

◎ 第二十三计 远交近攻

计策释义：结交离得远的国家而进攻邻近的国家。这是秦国用以吞并六国，建立统一王朝的外交策略。后也指待人处世的一种手段。

数字桩：（23 的编码是和尚）结交远的国家而进攻邻近的国家，这是一个和尚献给秦王吞并六国的计策吗？

◎ 第二十四计 假道伐虢

计策释义：以借路为名，实际上要侵占该国。

数字桩：（24 的编码是闹钟）他建议送给虢国一个金闹钟来借路，胜利后再把金闹钟连同虢国一起给抢回来。

◎第二十五计　偷梁换柱
计策释义：比喻暗中玩弄手法，以假代真。
数字桩：（25 的编码是二胡）这个二胡的部件被人给偷梁换柱了。

◎第二十六计　指桑骂槐
计策释义：指着桑树骂槐树，比喻借题发挥，指着这个骂那个。
数字桩：（26 的编码是河流）他站在河流边，指着一棵桑树骂槐树。

◎第二十七计　假痴不癫
计策释义：假装痴呆，掩人耳目，实则另有所图。
数字桩：（27 的编码是耳机）他头戴耳机，假装疯疯癫癫的，实际上是假痴不癫。

◎第二十八计　上屋抽梯
计策释义：等敌人上楼以后拿掉梯子，围歼敌人。
数字桩：（28 的编码是恶霸）我顺着梯子爬上楼后，恶霸抽走了我的梯子。

◎第二十九计　树上开花
计策释义：树上本来没有花，但可以借用假花点缀，让人真假难辨，比喻将本求利，别有收获。
数字桩：（29 的编码是恶囚）恶囚在树上点缀了一些假花，树上看起来好像开花了一样。

◎第三十计　反客为主
计策释义：本是客人却用主人的口气说话，比喻变被动为主动或变次要为主要。
数字桩：（30 的编码是三轮车）这辆三轮车原本是我的，借给他用后被他反客为主了。

◎第三十一计　美人计
计策释义：以美女诱人的计策。
数字桩：（31 的编码是鲨鱼）对一只鲨鱼是没法使用美人计的。

◎第三十二计　空城计
计策释义：在敌众我寡、缺乏兵备的情况下，故意以不设兵备示意人，造成敌方错觉，从而惊退敌军。后泛指掩饰自己力量空虚，迷惑对方的策略。
数字桩：（32 的编码是伞儿）在一座空城中挂满伞儿，迷惑对方以为伞下面有很多的士兵。

记忆的本质是线索

◎第三十三计 反间计

计策释义：原指使敌人的间谍为我所用，或使敌人获取假情报而有利于我的计策。

数字桩：（33 的编码是钻石）可以给敌人的间谍送很多钻石，从而使其为我所用。

◎第三十四计 苦肉计

计策释义：故意毁伤身体以骗取对方信任，从而进行反间的计谋。

数字桩：（34 的编码是绅士）如果那位绅士毁伤身体使用苦肉计的话，效果会更好。

◎第三十五计 连环计

计策释义：一个接一个相互关联的计策。

数字桩：（35 的编码是珊瑚）这些珊瑚一堆连着一堆，可以在里面设连环计。

◎第三十六计 走为上计

计策释义：遇到强敌或陷于困境时，以离开回避为最好的策略。

数字桩：（36 的编码是山鹿）骑上山鹿，走为上计。

利用数字桩来记忆三十六计，基本上一到两遍就可以做到正背、倒背和点背，大家可以尝试一下。

（五）100 个天生动作介绍

什么是编码的天生动作呢？就是编码这个名词自然而然的天生就有的动作，也是这个名词的用途或者属性之一，如汽车的天生动作是"撞"或者是"轧"，刀的天生动作是"切"或者是"割""砍"，机关枪的天生动作是"射击"，等等。如果你用刀来射击或者用枪来砍，就会感觉特别别扭，不符合逻辑，因为这些动词不是它们的天生动作。

我们把编码的天生动作固定下来后，连接的时候就不需要临时去想象，直接用前一个名词的天生动作作用于后一个名词上，这样就会节约想象的时间，从而提升记忆的效率。

如 00 的编码是熊猫，我们会想到在《功夫熊猫》这部电影中，熊猫阿宝的主要动作是踢，所以我们就把"踢"作为熊猫的天生动作，不管它后面跟的是什么名词，熊猫都去踢它。如果是小树，熊猫就去踢小树；如果是足球，熊猫就去踢足球……这样就会大幅提高记忆的效率。

100个编码的天生动作分别如表2-3所示。

表2-3 100个编码的天生动作

数字	编码	天生动作	数字	编码	天生动作
00	熊猫	踢（功夫熊猫用脚踢）	50	奥运五环	盖（用旗的布盖）
01	小树	长（长在东西上面）	51	工人	铲（用铁锹铲）
02	鹅	咬（鹅用嘴咬）	52	斧儿	砍
03	三角凳	插（凳腿插在东西上）	53	武僧	倒立（用头倒立）
04	汽车	轧（汽车轮子轧过去）	54	护士	打针
05	手套	攥	55	火车	撞（火车头撞上去）
06	勺子	敲	56	蜗牛	爬
07	镰刀	割	57	机关枪	扫射（机关枪扫射）
08	葫芦	吸（用葫芦口吸）	58	火把	点燃
09	猫	抓	59	五角星	插（五角星插上去）
10	十字架	挂（挂在一个东西上）	60	榴莲	砸（举起榴莲砸）
11	筷子	夹	61	儿童	趴（儿童趴在一个东西上面）
12	椅儿	放（椅儿放在东西上）	62	驴儿	踢（驴用后腿踢）
13	医生	划（用手术刀划）	63	流沙	盖（沙子盖）
14	钥匙	拧（插进去再拧一下）	64	螺丝	拧（螺丝拧进去）
15	鹦鹉	啄	65	老虎	扑
16	石榴	撒（石榴籽撒上去）	66	溜溜球	捆（用溜溜球的绳捆）
17	湿巾	擦	67	油漆	刷
18	泥巴	抹	68	牛蛙	跳
19	药酒	浇	69	太极	旋转
20	香烟	烫（用烟头烫个点）	70	冰淇淋	抹
21	鳄鱼	抽（鳄鱼用尾巴抽）	71	鸡翼	滴油/往东西上滴油
22	双胞胎	拉（一人拉一只胳膊）	72	企鹅	蹲
23	和尚	砸（用棍砸）	73	鸡蛋	扔
24	闹钟	震	74	骑士	刺/用剑刺
25	二胡	锯（把弦当作锯使用）	75	西服	盖

记忆的本质是线索

续表

数字	编码	天生动作	数字	编码	天生动作
26	河流	冲	76	犀牛	顶/用尖角顶
27	耳机	夹	77	机器人	插/用手插
28	恶霸	射（用手中的枪射击）	78	西瓜	砸（举起西瓜砸）
29	恶囚	抽（用手中的铁链抽）	79	气球	拽（向天空上拽）
30	三轮车	拉（用车的后面拉）	80	巴黎铁塔	压（用塔压）
31	鲨鱼	咬（用嘴咬）	81	蚂蚁	爬满
32	伞儿	遮	82	靶儿	射箭（往靶子上射箭）
33	钻石	镶	83	芭蕉扇	扇
34	绅士	勾（用绅士的拐杖勾）	84	拔丝	粘
35	珊瑚	长（珊瑚长在上面）	85	白狐	趴（白狐趴在一个东西上面）
36	山鹿	顶（用鹿角顶）	86	八路	砍（用军刀砍）
37	山鸡	啄	87	白棋	撒（白棋撒落下来）
38	高跟鞋	踩	88	爸爸	拉（手拉孩子）
39	感冒灵	浇（感冒灵冲好后浇）	89	芭蕉	缠（用芭蕉皮缠）
40	司令帽	罩（用司令帽罩）	90	酒瓶	浇（用酒浇）
41	蜥蜴	爬	91	球衣	裹
42	柿儿	扔	92	球儿	踢（球踢中一个东西）
43	石山	压	93	救生圈	套（救生圈套上去）
44	蛇	缠（蛇用身体缠）	94	教师	画（用粉笔画）
45	师傅	坐（唐僧打坐）	95	酒壶	浇（浇酒）
46	饲料	撒（撒饲料颗粒）	96	蝴蝶	落（蝴蝶落在东西上）
47	丝巾	系（用丝巾系东西）	97	旧旗	插（旗杆插上去）
48	丝瓜	敲	98	球拍	拍
49	湿狗	甩（身上甩水）	99	双锤	敲（用双锤敲击）

用天生动作来连接数字编码，记忆速度会大幅加快，但这种用法也有一个弊端，就是天生动作固定下来后，连接的时候不需要临时想象，也就没法锻炼想象力。实际上天生动作仅仅适用于数字编码，它是为了提升数字类信息的记忆效率而设置的。后面介绍汉字和字母的记忆方法时就不会使用天生动作，当然也没法使用天生动作，汉字和字母的记忆方法才是真正锻炼想象力的舞台。

（六）随机数字的记忆方法

1. 随机数字的记忆方法之线索法

随机数字记忆是随机给你一串数字，让你在一定的时间内把它记下来，并且做到正背、倒背和点背皆可。随机数字怎么进行记忆呢？我们前面介绍过，数字的编码是把两位数的数字转化成名词，这些名词可以看作是随机词语，所以**随机数字的记忆方法跟随机词语的记忆方法是一样的，只需要加动词即可**。细心的同学可能会发现，我们前面练习用的那些随机词语实际上就是数字编码所对应的 100 个名词，也就是说，我们在练习随机词语的时候已经相当于在练习随机数字了。

如果要进行随机数字的记忆训练，要练习到什么程度才算达标了呢？如果仅仅是作为中学学习上的用途，那么可以在 5 分钟之内将 8×8 共 64 个数字做到正背、倒背和点背均可就算达标。当然，如果想要更进一步地去参加一些记忆类的比赛，就需要进行专门的训练。随机数字的练习可以先从 4×4 开始，然后是 6×6，最后是 8×8，如果感兴趣的话还可以再继续往后练习，如 10×10 等等。

4×4、6×6、8×8 和 10×10 随机数字的呈现形式举例如下。

4×4

2	9	3	2
4	2	0	6
5	6	2	5
8	5	4	9

6×6

5	9	6	3	7	8
0	5	4	3	6	8
1	0	3	6	7	9
2	7	8	6	0	1
3	2	6	7	2	7
3	8	2	0	3	7

8×8

5	3	6	9	1	2	0	5
8	9	3	0	4	5	8	4
2	8	6	3	2	4	8	2
5	6	2	6	2	8	1	0	3
8	9	2	4	6	0	7	8
3	5	2	0	7	8	1	1
7	9	6	3	4	6	5	2
8	1	2	0	7	9	3	0

记忆的本质是线索

10×10

2	6	9	3	1	6	2	0	1	5
6	3	9	3	4	0	5	7	9	2
2	2	6	1	6	9	3	1	0	5
7	8	2	1	0	3	6	4	2	0
4	2	5	8	9	6	3	0	1	2
4	1	2	0	9	3	0	1	5	6
7	8	2	6	3	0	0	1	2	6
6	3	0	2	6	9	5	5	2	3
4	8	9	6	3	2	0	2	3	5
6	0	2	5	9	3	0	1	6	6

我们以下面这组 6×6 的随机数字为例来具体记忆一下：

5	9	6	3	7	8
0	5	4	3	6	8
1	0	3	6	7	9
2	7	8	6	0	1
3	2	6	7	7	2
3	8	2	0	3	7

第一对数字是59，59的编码是五角星，第二对数字是63，63的编码是流沙。在五角星和流沙之间加一个动词，可以直接加前一个名词五角星的天生动作，也就是"插"，这样就连接成"五角星插在流沙里"。第三对数字是78，78的编码是西瓜，怎样将流沙和西瓜相连呢？我们可以迅速地想到"流沙地里种满了西瓜"，当然你也可以直接用前一个编码流沙的天生动作"盖"，也就是"流沙盖住了西瓜"。这里到底是现场想象还是直接用天生动作，就要看现场想象得快不快或者是连接得牢不牢，如果现场想象想得不快或是想出来的连接不牢，那就不如直接用天生动作。

依此类推，这组 6×6 的随机数字加动词后的连接示例如下：

59（插）63（盖）78（砸）05（爬）43（压）68（跳）10（挂）36（顶）79（拽）27（夹）86（砍）01（挂）32（遮）67（刷）72（穿）38（装）20（烫）37

连接完成后记忆一到两遍，然后尝试去正背一遍，正背顺序依次为 5963……2037；再尝试倒背一遍，倒背时要先想到这对数字，如最后一对数字是 37，然后把它倒过来，也就是 73，依此类推，倒背的顺序依次为 7302……3695。

以上介绍的是随机数字的第一种记忆方法——线索法，跟随机词语的记忆方法是一样的，只是多了一层转化而已，要先把数字转化成名词，也就是我们的编码。接下来，我们会介绍随机数字的另一种记忆方法——地点桩。

2. 随机数字的记忆方法之地点桩

地点桩也被称为"记忆宫殿"或是"古罗马房间法"，我们之前介绍过用地点桩来记忆随机词语，因为随机数字＝随机词语，因此也可以用地点桩来记忆随机数字。我们仍以之前的客厅为例，依次找到的 5 个地点分别是台灯、沙发、茶几、电视和绿植，然后利用这 5 个地点来记忆随机数字，方法也是把数字的编码与地点之间依次加动词相连即可。

比如我们要记忆的随机数字是 65、22、53、37、62，第一对数字 65 的编码是老虎，第一个地点桩是台灯，加动词后可连接为"老虎扑向了台灯"；第二对数字 22 的编码是双胞胎，第二个地点是沙发，加动词后可连接为"双胞胎坐在沙发上"。依此类推，剩下三组的连接分别是："武僧倒立在茶几上""山鸡在啄电视""驴儿在吃绿植"。回忆时，我们就可以通过地点桩将上面连接着的数字依次回忆起来。

上面介绍的是一个地点桩上面拴一个编码，但毕竟人们熟悉的地点是有限的，为了提高地点的利用效率，我们可以在一个地点桩上拴两个编码。比如我们要记忆的随机数字是 4735、9864、8632、6115、0646，第一组数字是 4735，这是两个编码，所以要先在这两个编码之间加个动词，然后再与地点相连。4735 两个编码加动词后可连接为"丝巾包着珊瑚"，第一个地点是台灯，前两个编码与台灯加动词后可连接为"丝巾包着珊瑚砸碎了台灯"，这样就把两个编码和一个地点连接了起来。同样，第二组数字是 9864，加动词后可连接为"球拍拍螺丝"，第二个地点是沙发，加动词后可连接为"球拍拍螺丝，把螺丝拍进了沙发坐垫里"。依此类推，余下三

记忆的本质是线索

组的连接分别是"八路军打着伞儿坐在茶几上""儿童抱着一只鹦鹉在看电视""勺子舀饲料撒在绿植盆里"。回忆时,同样通过这5个地点可以依次将上面连接着的数字回忆起来。

一个地点上连接两个编码,这是世界脑力锦标赛等记忆类比赛中最常用的记忆方法,也是最强大脑等记忆类节目背后的核心原理。

上面介绍了两种随机数字的记忆方法,分别是线索法和地点桩,这两种方法的区别在于:线索法只是在两个编码之间加个动词相连即可,这是内部的线索,不需要借助外部的东西;而地点桩需要借助外部的地点,如果地点本身就记得不牢的话,上面连接着的编码也就无从想起,正所谓"皮之不存,毛将焉附?"对于随机数字记忆,尽管这两种方法都有效,但是哪种方法更安全、更持久呢?很明显是运用内部线索记忆的线索法,这也是我们首推的方法。地点桩更适用于记忆类的比赛,如果不是想参加比赛,我们学习线索法就足够了,线索法是一种安全可靠的而且可以持久使用的数字记忆方法。

(七)手机号码的记忆方法

国内的手机号码是11个数字,除第一个数字1不需要记忆外,还有10个数字需要记忆,也就是5个数字编码。我们在记忆手机号码时,除了需要记忆这串数字外,还需要记住它们对应的人的名字。这些名字也是需要先转化成名词后再去做连接,常用的转化方法是抽取名字中的一个字进行转化。转化成名词后,再与手机号码中的5个编码加在一起,也就是共有6个名词。这样,手机号码及其对应名字的记忆就变成了6个名词的记忆,也就是6个随机词语的记忆,记忆采用的方法也是线索法,也就是在6个名词之间加5个动词相连即可。我们来看两个例子。

第一,凌劲松,手机号码为13202568915(虚假人物信息)。从名字中抽取一个字,我们可以抽"松",转化为名词"松树"。手机号码除去首位1外,剩余的10个数字对应的5个编码依次为伞儿、鹅、蜗牛、芭蕉和鹦鹉。用线索法记忆时,把松树放在第一个,松树和伞儿之间加动词,我们可以想象为"松树上挂着一把伞儿";伞儿和鹅之间加动词,我们可以想象为"伞儿遮着鹅";鹅和蜗牛之间加动词,我们可以想象为"鹅在吃蜗牛";蜗牛和芭蕉之间加动词,我们可以想象为"蜗牛爬到了芭蕉上";芭蕉和鹦鹉之间加动词,我们可以想象为"芭蕉皮缠住了一只鹦鹉"。这样,整体就连接成"松树(挂)伞儿(遮)鹅(吃)蜗牛(爬)芭蕉(缠)鹦鹉"。回忆凌劲松的手机号码是多少时,根据名字中的"松"字首先想到松树,然后是"松树上挂着一把伞儿",编码"伞儿"对应的数字是32,第一组数字就是32,依此类推,根据线索可以依次想到接下来的数字是02、56、89、15,加上数字1后,完整的手机号码是13202568915,这就是凌劲松的手机号码。反过来,13202568915这个手机号码是谁的?除首位1外,前两个数字是32,32的编码是"伞儿",依据线索,伞儿是挂在一棵松树上的,松树即凌劲松,所以这是凌劲松的手机号码。

第二,张海宝,手机号码为13784230158(虚假人物信息)。从名字中抽取一个字,我们可以抽"海",转化为名词"海水",手机号码中的5个编码依次为山鸡、拔丝、和尚、小树和火把,加动词后可连接为"海水(冲)山鸡(吃)拔丝(粘)和尚(爬)小树(做)火把",这样就将张海宝和他的手机号码连接在了一起。

在数字类信息的记忆方法中,我们依次介绍了随机词语、九九乘法表、三十六计、随机数字、手机号码的记忆方法。数字类信息的记忆方法可以总结为:首先将数字名词化,也就是形成数字编码(表),然后加动词将名词连接即可。当然,为了节约想象的时间,我们还介绍了编码的天生动作,将有些动词固定下来,因为越固定越高效,固定动词可以显著地提升记忆的效率。接下来在历史和地理等同步科目知识点的记忆学习中,我们还会接触到数字类信息的记忆,具体的记忆方法到时候会详细介绍。

三、思维导图

知识梳理的通用工具

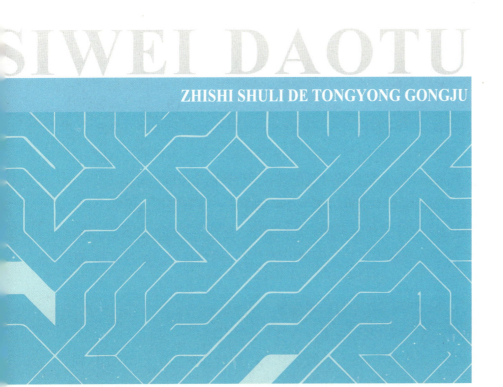

记忆的本质是线索

三

在接下来语文科目的文言文部分的结构梳理中，以及史、道、地、生等其他科目的章节知识点结构梳理中，都需要用到思维导图。思维导图是一种世界公认的十分有效的知识和思维梳理工具，非常值得学习。这部分介绍主要分为两块：一块是什么是思维导图，一块是怎样画思维导图。

（一）什么是思维导图

"思维导图"总共有四个字，如果要从中挑选一个关键词，也就是第一关键词，你会挑选哪个呢？很明显是"思维"。思维导图是用来训练思维的，思维训练到什么程度才算是比较优秀的呢？我们认为有两个标准：第一个标准是清晰，思路一定要清晰，不管是说话做事还是写作学习，一定要思路清晰；第二个标准是敏捷，反应迅速，思维敏捷，既清晰又敏捷的思维才是思维导图训练所追求的目标。

如果从"思维导图"这四个字中再挑选一个关键字词，也就是第二关键字词，你会挑选哪个呢？显然是"图"。思维导图它是一幅图，它不是文字，也不是表格，而是一幅图。我们之前在介绍图像记忆和线索记忆的区别时也说过，图像都是有线索和层次的，把思维图像化，能使思路更清晰。思维导图呈现在外的是一幅图，是通过图来引导思维的，所以思维导图也可以被称为"图导思维"。

什么是思维导图呢？这一部分我们主要介绍以下七块内容：
1. 思维导图的起源。2. 思维导图有效的原因。3. 思维导图与传统笔记的区别。4. 思维导图的分类。5. 思维导图的用途。6. 对思维导图的认知。7. 思维导图的分段。

1. 思维导图的起源

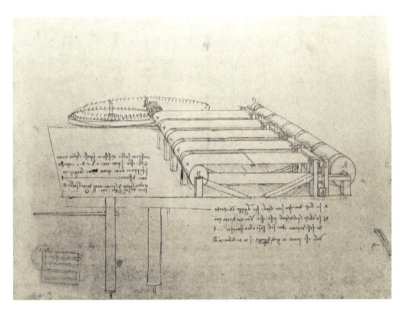

图 3-1 达·芬奇笔记

图 3-1 是达·芬奇的笔记，在他的笔记中，除了我们平常书写使用的文字外，还有哪些内容呢？是不是还有图片、线条以及图形等？

图 3-2 毕加索笔记

图 3-2 是毕加索的笔记，同样，除了文字外，还有图片和图形等内容。

记忆的本质是线索

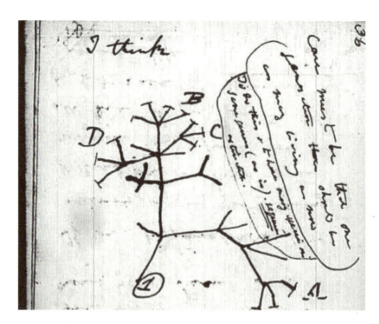

图 3-3　达尔文笔记

图 3-3 是达尔文的笔记，其中也同样包含了图形和线条等内容。

综合以上三幅笔记的内容，你发现这三位大师的笔记有什么共同特点了吗？是不是大师的笔记都综合使用了词汇、符号、数字、图像、线条、图形、联想、顺序、视觉和维度等信息？

20 世纪 60 年代，英国人东尼·博赞受达·芬奇做笔记的方法的启发，首创了思维导图。1998 年，科利华公司通过《学习的革命》这本书把思维导图介绍给了国人，北京地区是接受、研究和应用思维导图最早的地区。

2. 思维导图有效的原因

图 3-4 我们在介绍线索记忆为什么科学有效时用到过。图 3-4 是一个神经元的结构，也就是脑细胞的结构。左边膨大的黑色部分被称为细胞体，细胞体的四周有许多短而粗的分枝，这些分枝的形状非常像树枝，因此被称为树突。这是一种由中心向四周发散的结构形式。是不是思维导图的结构与脑细胞的结构惊人地相似？

我们在介绍线索记忆时说过，越相似越有效，线索记忆之所以有效是因为它符合脑细胞的结构及运作原理，同样，思维导图之所以有效，也是因为它与脑细胞的结构非常相似，而越相似越有效。

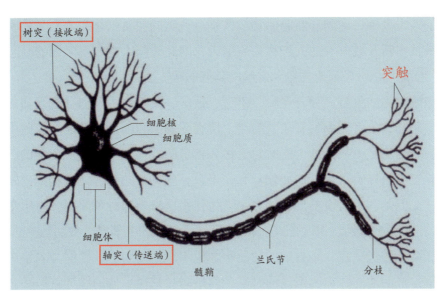

图 3-4 神经元的结构

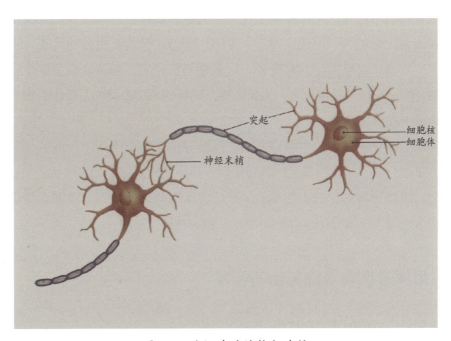

图 3-5 脑细胞的结构与连接

图 3-5 是人教版初中生物教科书中脑细胞的结构图,树突的形状同样也是从中心向四周发散的结构形式。

人的大脑是分左脑和右脑的。左右脑理论是由美国神经心理学家罗杰·斯佩里最先提出来的,他也因此获得了诺贝尔生理学奖。罗杰·斯佩里通过对裂脑人的研究,

记忆的本质是线索

揭示出了人类大脑中左脑和右脑的功能区别。人类的左右脑之间本来是由胼胝体相连的，胼胝体断开或分裂的人被称为裂脑人，因此裂脑人左右脑之间的信息是互不相通的，据此可以分别研究左脑和右脑所具有的功能。

左脑被称为抽象脑，分管逻辑、语言、数学、文字、推理和分析等功能；右脑被称为形象脑，分管图画、音乐、韵律、情感、想象和创造等功能。由此可见，左脑和右脑的功能是不一样的，同时对记忆和信息的处理效率也是不一样的。从一些生活经验中也可以看出来，比如你看到一个人，感觉很熟悉，似曾相识，好像是在哪里见过，但是一时又说不出他的名字，为什么会出现这种现象呢？你感觉在哪里见过他，是因为你曾经认识这个人，你记住了这个人的外形轮廓，特别是脸部的特征，这些特征属于图像信息，是右脑的功能；你说不出他的名字，是因为名字属于文字信息，是左脑的功能。你认识他的时候，你是同时记住了他的脸部特征和名字，隔了一段时间再次相逢时，你却只记住了他的脸而忘记了他的名字，这说明了什么问题呢？说明我们对图像的记忆能力要比文字的强。其背后的原理我们之前在介绍图像记忆和线索记忆的区别时也介绍过，是因为图像内部具有更多的线索，所以记忆效率比文字要高。又比如，当你听到一段熟悉的旋律时，你可以跟着旋律轻轻地哼唱起曲调，却一时想不起歌词来，为什么呢？同样的原理，旋律是属于右脑的功能，而歌词是属于左脑的功能。

从前面思维导图的起源中可以看出，思维导图是综合使用了左脑的文字、数字和右脑的图画、空间感等功能，因此使用思维导图要比单独使用文字更有效。

综上，思维导图为什么有效呢？一是因为思维导图的结构与脑细胞的结构惊人地相似，二是因为思维导图综合使用了左右脑的功能。

3. 思维导图与传统笔记的区别

传统笔记的结构形式是这样的：

1. *************************
2. *************************
3. *************************
4. *************************
5. *************************

或者是这样的：

1. （1）********************
　　（2）********************
　　（3）********************
2. （1）********************
　　（2）********************
　　（3）********************
3. （1）********************
　　（2）********************
　　（3）********************

传统笔记也被称为线性笔记，我们发现传统笔记只是使用了文字和数字等信息类型，也就是只使用了左脑的功能，因此不能全面有效地刺激大脑。另外，传统笔记没有突出关键词，它埋没了关键词，而找到关键词是画思维导图的重中之重。因为用思维导图做笔记综合使用了左脑和右脑的功能，并且会特别地突出关键词，所以比传统笔记更有效。

4. 思维导图的分类

思维导图的分类，总结成一句话就是"能发能收"，具体而言，可以分成两大类：一类是发散型的思维导图，一类是归纳型的思维导图。

发散型的思维导图，就是给你一个题目，要求你围绕这个题目来进行创作的思维导图形式。比如做自我介绍时，你会介绍你的基本情况、家庭关系、兴趣特长、性格特征等等；又比如写作文、策划活动和创作文艺作品，在这些类型题目下创作的都是属于发散型的思维导图。

归纳型的思维导图，就是发散型思维导图的逆向过程，可以用来总结别人的思想。比如用归纳型思维导图来梳理一篇课文的结构，梳理完成后课文就更容易理解和记忆；又比如用归纳型思维导图来做课堂笔记，可以做到重点突出，思路清晰；还可以用归纳型思维导图来做读书笔记，通过一张思维导图就可以将一本书的核心内容全部给总结归纳出来；等等。

总之，思维导图是一种能发能收的思维梳理工具。

记忆的本质是线索

5. 思维导图的用途

思维导图既可以用在学习中，也可以用在生活和工作中，我们这里重点介绍思维导图在学习中的用途。

（1）用来做计划。思维导图可以用来做周计划，如周一上午做什么，下午做什么，晚上做什么，同样周二又做什么等等；也可以用来做月计划，如某月的第一周做什么，第一周的周一至周五分别做什么等等；也可以用来做学期计划，甚至是年度计划等。用思维导图来做计划，一目了然，易于执行也易于调整。

（2）用来做笔记。思维导图可以用来做课堂笔记，上一堂课画一张思维导图，在课堂上只需梳理关键词，这样就可以节约90%的时间，也不会因为花时间埋头做笔记而漏掉了课堂上老师讲解的重点内容。思维导图也可以用来做知识笔记，将每一课、每一节和每一章的核心内容全都梳理在一张思维导图上，既可以用于预习，也可以用于复习。

（3）用来写作文。写作文时，可以先用五分钟时间来画一张由作文题目发散出来的思维导图，这就相当于是梳理出了这篇作文的骨架；然后再着手去写作，相当于是在骨架的基础上再去填满它的血肉，这样就可以做到思路清晰、主题明确，并且详略得当。

（4）用来解难题。简单的题目用不到思维导图，但对于一些难题，可以通过思维导图来梳理解题思路，罗列出各种已知条件和需要求解的内容后，对照着思维导图，解题方法就会跃然纸上。

（5）用来备考。可以用思维导图来构建科目的知识体系，期末考试前，可以把本科目本学期的核心内容梳理在一张思维导图上，也可以把每一课的具体内容梳理在一张思维导图上，这样在考试前复习时，只需复习这几张思维导图就可以，既能突出重点又能节约时间。

6. 对思维导图的认知

大家都见过太极中的八卦图吧，八卦图是由中心向四周发散的，符合"中心—四周"的结构模式。原子是由中心的原子核和四周的电子构成的，太阳系是由中心的太阳和周围围绕着的八大行星等组成的。从基本的原子到广阔的宇宙，"中心—

四周"模式都建立起了它的统治，我们的世界是按照"中心—四周"的模式来运转的。任何一门学科都是由众多的知识点构成的，这些知识点之间层级分明、相互联系，也是按照"中心—四周"的结构模式共同组成了一个完整的知识体系。我们的脑细胞结构也是这个样子的，我们的大脑也是按照这个模式去思考的，所以我们的学习也应该按照"中心—四周"的模式来进行。

思维导图是一种"见树又见林的艺术"，通过它可以看清一棵树的细节，也可以看到整座森林的布局；既能看清微观结构，又能看到宏观布局。我们在学习中应用思维导图，就会像老鹰飞翔在天空中俯视大地一样，通过一张图既能纵观全局，又能明察秋毫。

调查显示，95%的清华、北大学生，还有全国其他重点大学的很大一部分学生，在他们中学的学习生涯中，都自觉或不自觉地使用过思维导图学习法，这种方法使得他们思维敏捷，反应迅速，解决问题的思路清晰、高效。

7. 思维导图的分段

学习思维导图，首先是学习思维导图的绘制方法，也就是思维导图的技法，从而成为运用思维导图的高手。不过学习思维导图的目的是要在具体的学习和生活中去应用，成为思维的高手。学习思维导图的目的不是成为思维导图高手，而是要成为思维高手。思维导图技法易学，心法难练。当然，成为思维导图高手是成为思维高手的一个基础。

我们把思维导图的学习分为三个阶段：第一个阶段是**手中画图阶段**，需要把思维导图画在纸上或者是用软件绘制出来，才能把思路整理清晰。第二个阶段是**脑中有图阶段**，就是你不需要把思维导图画在纸上或者绘制在软件上，而是可以在头脑中鲜明地呈现出来。它的中心词是什么，它的第一个分支是什么内容，它的第二个分支是什么内容，等等，在脑海中都可以一一地呈现出来，不需要具体地去画。第三个阶段是**脑中无图阶段**，就是你不需要刻意去构思思维导图，而是在了解清楚问题的基本情况后，可以立刻分析出问题的原因、问题的本质以及怎么去解决问题等核心信息，成为思维的高手。思维导图练习的最高阶段就是这样，可以一眼看穿问题的本质。

记忆的本质是线索

（二）怎样画思维导图

关于思维导图的绘制，我们一共会介绍四块内容，分别是思维导图的绘制技法、"发"的思维导图、"收"的思维导图和思维导图的局限性。

1. 思维导图的绘制技法

思维导图的绘制技法就是思维导图的绘制步骤，对于手绘思维导图，我们总结为五步，分别如下：

第一步是**找中心词**。一幅思维导图只有一个中心词，要把它画在思维导图最中心的位置。怎样找中心词呢？如果是发散型的题目，就把给你的题目作为思维导图的中心词，如写作文时可以把作文题目作为中心词；如果是归纳型的内容，如梳理语文课文时可以把课文的名称作为中心词，梳理历史课文时可以把本课的题目作为中心词，梳理数理化生等科目的章节内容时可以把本章节的标题作为中心词等。

第二步是**找关键词**。找关键词是思维导图绘制的核心，直接决定了思维导图的结构。一幅思维导图中会有好多个关键词，且关键词是分级的，分为一级、二级和三级等。有多少个关键词就有多少个分支，有多少级的关键词就会有多少层的分支，因此找关键词是画思维导图的重中之重，也是思维训练的重中之重。关键词的数量和层级直接决定了思维导图的整体结构。

第三步是**画分支**。根据一级关键词的数量和关键词的分级来画分支，要求每一个分支的颜色要不同，每一个分支内部各级的颜色要相同，分支的长短要与字数的多少相匹配，等等。

第四步是**上色**。如果在上一步画分支时没有上色的话，这里就需要给每个分支画上不同的颜色，分支内部的颜色要一致。

第五步是**配图**。根据每个分支的主题配置相应的图画。

绘制思维导图时还需要注意其他一些细节：首先，纸张要尽量使用白纸。如果使用带有线条的纸张，线条会与分支有交叉，会影响分支的布局。其次，关键词与分支应一词一线，即一个关键词要画一条线，要求词在线上，不能在线下，而且要词线等长，等等。

2. "发"的思维导图

"发"的思维导图是指由一个主题发出的，我们以学生为例，以"自我介绍"和"假期计划"为中心词，介绍一下"发"的思维导图怎样来绘制，见图3-6和图3-7所示。这两张图都是"发"的思维导图，其绘制方法是，先想好一级关键词，然后在一级关键词之后想出二级关键词，最后描述一下二级关键词的详细内容。这就是发散型思维导图的绘制方法。

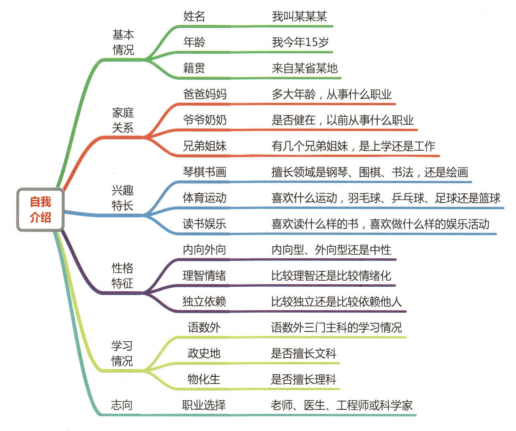

图3-6 "自我介绍"思维导图

记忆的本质是线索

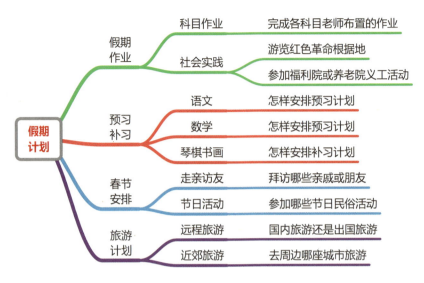

图 3-7 "假期计划"思维导图

3. "收"的思维导图

"收"的思维导图主要是用来总结别人的思想,将一篇文章或是一节课的章节内容总结归纳到一张思维导图上,可以将书由厚读薄。我们以语文中的一篇古文和历史中的一节课为例,介绍一下"收"的思维导图怎样来绘制。

与朱元思书

风烟俱净,天山共色。从流飘荡,任意东西。自富阳至桐庐一百许里,奇山异水,天下独绝。

水皆缥碧,千丈见底。游鱼细石,直视无碍。急湍甚箭,猛浪若奔。

夹岸高山,皆生寒树,负势竞上,互相轩邈,争高直指,千百成峰。泉水激石,泠泠作响;好鸟相鸣,嘤嘤成韵。蝉则千转不穷,猿则百叫无绝。鸢飞戾天者,望峰息心;经纶世务者,窥谷忘反。横柯上蔽,在昼犹昏;疏条交映,有时见日。

绘制思维导图的第一步是选中心词,这篇古文的题目是"与朱元思书",这个题目就可以作为中心词，我们把它绘制在思维导图的中心。第二步是选一级关键词，这篇古文共有三段，分别写了三个方面的内容，把这三个方面的内容各自提炼出一个关键词来，就可以作为三个一级关键词。

文章中第一段是从总体上描写了富春江的景色，因此这一段的一级关键词可以提炼为"总写"。它是怎样总写富春江的景色的呢？"风烟俱净，天山共色。"这是抬头看到的远景，因此这句的二级关键词可以提炼为"远景"。"从流飘荡，任意东西。"这是低头看到的近景，因此这句的二级关键词可以提炼为"近景"。"自富阳至桐庐一百许里，奇山异水，天下独绝。"这是总体的概述，奇山异水，总领下文，因此这句的二级关键词可以提炼为"总景"。这样，这一段的一级关键词就是"总写"，二级关键词有三个，分别是"远景""近景"和"总景"。

第二段是描写富春江的江水，分写了第一段所说的"异水"，因此这一段的一级关键词可以提炼为"分写（异水）"。具体是怎样描写异水的呢？"水皆缥碧，千丈见底。游鱼细石，直视无碍。"这两句是从静态方面来描写水的清澈，因此二级关键词可以提炼为"水清"。"急湍甚箭，猛浪若奔。"这句是从动态方面来描写水的急速，因此二级关键词可以提炼为"水急"。这样，这一段的一级关键词就是"分写（异水）"，二级关键词有两个，分别是"水清"和"水急"。

第三段是描写富春江的奇山，分写了第一段所说的"奇山"，因此这一段的一级关键词可以提炼为"分写（奇山）"。它是怎样描写奇山的呢？"夹岸高山，皆生寒树，负势竞上，互相轩邈，争高直指，千百成峰。"这句是从视觉方面描写了山的形势或是气势，因此二级关键词可以提炼为"山势"。"泉水激石，泠泠作响；好鸟相鸣，嘤嘤成韵。蝉则千转不穷，猿则百叫无绝。"这两句是从听觉方面描写了在山里听到的声音，因此二级关键词可以提炼为"山声"。"鸢飞戾天者，望峰息心；经纶世务者，窥谷忘反。"这句描写了作者的感受和对朱元思的劝告，是作者真情实感的流露，因此二级关键词可以提炼为"抒情"。"横柯上蔽，在昼犹昏；疏条交映，有时见日。"这句描写了枝叶的繁茂和山里的光线，因此二级关键词可以提炼为"山光"。这样，这一段的一级关键词就是"分写（奇山）"，二级关键词有四个，分别是"山势""山声""抒情"和"山光"，当然你总结为"视觉""听觉""感受"和"光线"也是可以的。

依据上面提炼出来的中心词、一级关键词、二级关键词和其对应的具体内容，我们所绘制的这篇古文的思维导图如图 3-8 所示。

记忆的本质是线索

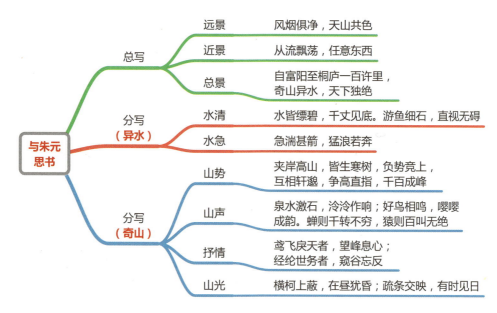

图 3-8 《与朱元思书》思维导图

历史以部编版八年级上册《五四运动》一课为例，介绍一下思维导图的绘制方法。

这一课的标题为"五四运动"，可以把它作为思维导图的中心词。这一课共有三个部分，每个部分都有小标题，分别是"五四运动的爆发""五四运动的扩大"和"五四运动的历史意义"。我们可以把这三个小标题作为本课的一级关键词，这样这幅思维导图就有三个分支。

第一部分描写的是五四运动的爆发。通读这一部分的内容来提炼二级关键词，我们发现其中主要描写了五四运动爆发的原因、时间、主力、口号和要求等核心信息，所以可以把这几个词语作为这一部分的二级关键词。

第二部分描写的是五四运动的扩大。通读这一部分的内容来提炼二级关键词，我们发现这一部分主要描写了五四运动扩大后的主力、中心和结果等核心信息，同样可以把这几个词语作为这一部分的二级关键词。

第三部分是总结五四运动的历史意义。通读这一部分的内容来提炼二级关键词，我们发现这一部分主要是总结了五四运动的性质和意义等核心信息，同样也可以把这几个词语作为这一部分的二级关键词。

依据上面提炼出来的中心词、一级关键词、二级关键词和其对应的具体内容，本课绘制的思维导图如图 3-9 所示。

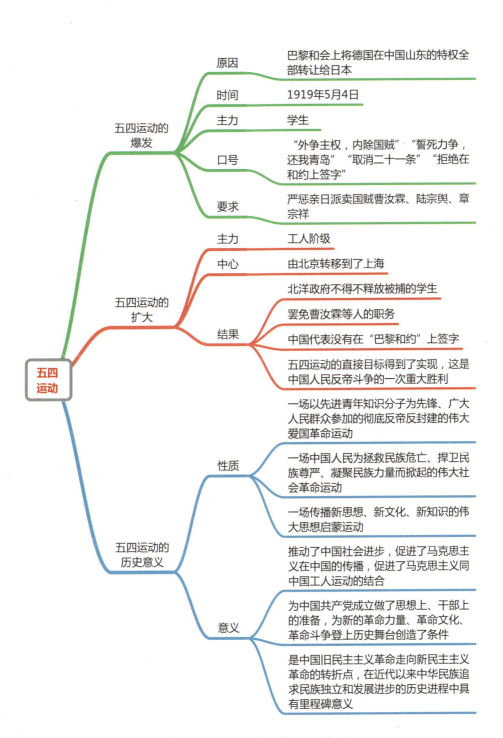

图3-9 《五四运动》思维导图

记忆的本质是线索

由上可见，通过一幅思维导图就可以将一篇课文或是一个章节的核心内容全部梳理出来，层次分明，一目了然，既有利于预习，也有利于复习，能显著地提高学习效率。

4. 思维导图的局限性

思维导图的绘制总共分为五步，分别是找中心词、找关键词、画分支、上色和配图，其中最为关键的是前两步，也就是找中心词和找关键词，因为它们直接决定了思维导图的整体结构布局。如果用思维导图软件来绘制的话，画分支和上色这两步是不需要你手动去完成的，可以由软件来代劳。

任何东西都有两面性，仔细分析一下思维导图的绘制步骤，你可以看出思维导图的局限性吗？或者说是哪一步最耗费时间而效果却不明显呢？很明显是配图！也正是因为一部分教授思维导图的老师过分执拗于配图的作用，导致思维导图并没有大范围地普及。对于不会绘画的人来说，这是一件令人头疼的事情；即使是对于会绘画的人来说，这一步也是很耗费时间的。实事求是地讲，在思维导图绘制中，绘画所付出的时间和它所产生的效果是不成正比的。

怎样解决这个问题呢？很简单，我们可以用无画的思维导图，用主要由关键词组成的思维导图，就像前面总结《与朱元思书》和《五四运动》一样，不配图照样可以达到深入理解文章内容的效果。当然，如果你会绘画，也可以在空余时间给思维导图配一些图画，增强一下理解和记忆的效果。绘画对于思维导图来说，更多的只是起到锦上添花的作用。

四、语文记忆
语文知识点的记忆方法

记忆的本质是线索

四

　　语文知识点的记忆方法，我们主要介绍三部分内容，分别是易错字词、文学常识和同步课文（古诗词和文言文）。易错字词是考试必考内容之一，包括易错音和易错字，是比较容易混淆的知识点，使用线索记忆法基本上一到两遍就可以记牢。文学常识包括文人雅称、借代词语、文学之最、作家并称、作品并称和作家简介等，知识类型比较丰富，会把线索记忆的四种连接方法和两种转化方法都应用到，因此非常适合于练习线索记忆。同步课文包括古诗词、文言文（记叙类文言文和议论类文言文），每种类型的课文使用的记忆方法都不一样，我们接下来会做详细介绍。

（一）易错字词的记忆方法

1. 易错音的记忆方法

　　易错音包括多音字的读音和一些生难字的读音，它的记忆方法分两步，首先是找到与该字正确读音同音的字并给它组词，然后是把这个同音词（即给找出的这个同音字组的词，后面统称为"同音词"）和原字词运用一对法进行连接。怎样去找这个同音词呢？首先，要找读音和该字的正确读音一模一样的字来组词，它们连音调也要一样。其次，一定要找我们已经掌握的烂熟于心的同音词。同音词是记和忆的线索，线索一定要牢固，所以必须找我们熟悉的字词，这样才能达到以熟记生的效果。我们举几个例子。

　　"绯闻"这个词中的"绯"，是读"fēi"还"fěi"？这是一个读音比较容易混淆的字，

其正确读音是"fēi",怎样一遍就把它记住呢?第一步是我们要找到读音跟"fēi"一模一样的一个同音字,可以找到很多,比如"飞",可以组词为我们熟悉的"飞机";第二步是把"飞机"和"绯闻"通过想象连接在一起,我们可以想象为"他坐飞机时和空姐闹出了绯闻"。这样下次再看到"绯闻"这个词语不知道"绯"是读第一声还是第三声时,就会想到这句话,就会明白是"飞机"中的"飞"的读音,所以应读第一声。当然我们也可以用别的同音字,比如"非",组词为"非常",运用一对法,可以想象为"一个非常大的绯闻",也是一样的效果。这里"飞机"是名词,"非常"是形容词,我们建议找同音词时首选名词,因为名词更容易建立线索。

绯闻

找线索:飞机(同音词)

一对法:他坐飞机时和空姐闹出了绯闻。

"畸形"这个词中的"畸"是读"jī"还是"qí"?正确答案是"jī"。记忆同样分两步:首先找同音字,我们可以找到"鸡"这个字,并组词为"公鸡"这个名词;然后把"公鸡"和"畸形"通过想象连接在一起,可以想象为"一只畸形的公鸡"。下次如果还不知道"畸形"的"畸"读什么音时,就会想到是读"公鸡"中的"鸡"这个音。

畸形

找线索:公鸡(同音词)

一对法:一只畸形的公鸡。

"相机行事"这个词中的"相"是读"xiāng"还是"xiàng"?正确答案是"xiàng",在这个成语中是"察看"的意思。记忆也分两步:首先找到同音字,我们可以找到"象"这个字,并组词为"大象"这个名词;然后把"大象"和"相机行事"通过想象连接在一起,可以想象为"如果大象攻击你,你要相机行事"。下次如果还不知道"相机行事"的"相"读什么音时,就会想到是读"大象"的"象"这个音。

记忆的本质是线索

相机行事

找线索：大象（同音词）

一对法：如果大象攻击你，你要相机行事。

以上就是易错音的记忆方法，比较简单，共分两步，首先是找到易错音的同音词，然后把同音词作为线索，与易错音的字词通过一对法进行想象连接，这样就可以做到以熟记生，轻松记忆。

2. 易错字的记忆方法

易错字的记忆方法有两种，分别是线索记忆法和理解记忆法。两者适用于记忆不同类型的易错字。

（1）线索记忆法

用线索记忆法来记忆易错字的方法与记忆易错音的方法类似，也分两步：首先要找到这个易错字的同字词（即由该字组的另外一个词，后面统称为"同字词"），然后把同字词和原字词运用一对法进行连接。怎样找这个字的同字词呢？首先，找到的这个同字词要含有与原字词中的易错字一模一样的字；其次，也是一定要找我们已经掌握的烂熟于心的字词，这样才能达到以熟记生的效果。我们举几个例子。

"渡假村"还是"度假村"？正确答案是"度假村"。其中的"度"是很容易混淆的一个字，我们该怎样记忆呢？首先是找同字词，要找一个熟悉的含有"度"这个字的词语，我们可以找到"百度"这个名词；然后把"百度"和"度假村"通过想象连接在一起，可以想象为"在百度上搜索度假村的位置"。下次如果再分不清该词中是"渡"还是"度"时，就会想到"百度"这个词，从而明白是"百度"的"度"。

渡假村？ 度假村？

找线索：百度（同字词）

一对法：在百度上搜索度假村的位置。

"按部就班"还是"按步就班"?正确答案是"按部就班"。记忆也分两步:先找同字词,可以找到"部队"这个名词;然后把"部队"和"按部就班"通过想象连接在一起,可以想象为"这支部队在按部就班地训练"。下次如果还分不清该词中是"部"还是"步"时,就会想到"部队"这个词,从而明白是"部队"的"部"。

按部就班?按步就班?

找线索:部队(同字词)

一对法:这支部队在按部就班地训练。

"一泄千里"还是"一泻千里"?正确答案是"一泻千里"。记忆同样是分两步:先找同字词,可以找到"腹泻"这个名词;然后把"腹泻"和"一泻千里"通过想象连接在一起,可以想象为"腹泻时去卫生间一泻千里"。下次如果再分不清是"泄"还是"泻"时,就会想到"腹泻"这个词,从而明白是"腹泻"的"泻"。

一泄千里?一泻千里?

找线索:腹泻(同字词)

一对法:腹泻时去卫生间一泻千里。

以上就是用线索记忆法来记易错字的方法,与易错音的记忆方法类似,也分两步:首先是找到该字的同字词,然后把同字词作为线索,与原字词通过一对法进行想象连接,以熟记生,从而达到轻松记忆的效果。易错音找的是同音词,易错字找的是同字词,同音词和同字词都是线索,都是运用了线索记忆法中的一对法。

(2)理解记忆法

易错字的另一种记忆方法是理解记忆法。理解记忆,顾名思义,就是先理解后记忆,理解了也就记住了。我们举几个例子。"辨论"还是"辩论"?正确答案是"辩论"。我们要先理解"辩论"这个词语的意思。辩论就是针对不同的观点,双方展开争论。既然是争论,就需要用嘴,所以应该带"讠"字,应为"辩论"。理解了词语的意思,也就把这个字给记住了。

记忆的本质是线索

"贪赃"还是"贪脏"？正确答案是"贪赃"。"贪赃"这个词语是什么意思呢？是指官员收受贿赂。"赃"是指贪污受贿所得的财物。既然是财物，那就是"贝"字旁。因为早期物品买卖时都是把贝壳作为货币使用的（后来才是金银和纸币），所以跟金钱有关的好多的字都是"贝"字旁。比如"赌"是指赌钱，"贫"是指没钱，"购"是指需要花钱等。"贪赃"贪的是财物，不是脏的东西，所以是"贝"字旁，应是"贪赃"。

"不径而走"还是"不胫而走"？正确答案是"不胫而走"。这个成语的意思是没有腿却能跑，多指消息无声地迅速散播。"胫"是小腿的意思，而"径"是小路的意思，所以"不胫而走"中应是"胫"。同样，跟身体有关的许多词语也都是"月"字旁，如脸、肚、脖子、胳膊等。

"异口同声"还是"一口同声"？正确答案是"异口同声"。这个成语的意思是不同的嘴说出相同的话，指大家说的都一样。"一"是指相同的，"异"是指不同的，所以是"异口同声"。

上面介绍了易错字的两种记忆方法，分别是理解记忆法和线索记忆法。什么类型的易错字用理解记忆，什么类型的易错字用线索记忆呢？之前我们介绍理解记忆和线索记忆的区别时说过，理解后能记住的就用理解记忆，理解后仍然记不住的就用线索记忆。如"辩论""贪赃""不胫而走""异口同声"，理解了也就记住了，就用理解记忆。如"按部就班"，意思是指按照一定的步骤和顺序进行，从意思上看更像是"按步就班"，理解了但还是记不住，那么就用线索记忆。同理，如"一泻千里"，是形容水直流而下，流得又快又远，"泻"与"泄"两个字的意思差不多，理解了词语的意思，还是很难分清楚该用"泻"还是"泄"，那就用线索记忆。

（二）文学常识的记忆方法

文学常识部分主要介绍六种知识类型，分别是文人雅称、借代词语、文学之最、作家并称、作品并称和作家简介。文学常识的知识类型丰富，非常适合于练习线索记忆法，可以把线索记忆的四种元方法都灵活运用到，而且还会运用到线索转化的两种方法。

1. 文人雅称的记忆方法

文人雅称是指古代文人的一些别称和雅号,如李白号青莲居士,杜甫自号少陵野老,白居易号香山居士等。这种类型的知识点怎么进行记忆呢?下面我们举三个例子来做介绍。

袁枚,自号随园老人。"袁枚"和"随园老人"这两个信息点并没有实际的指向意义,是无意义的信息点。首先,需要对无意义的信息点进行转化。"袁枚",通过近音转化,可以转化为"圆门",一扇圆形的门;"随园",通过同音转化,可以转化为"随缘",一切随缘的"随缘"。这样,"圆门"和"随缘"这两个信息点就变得有了意义。转化完成后,因为左右两个信息点是一一对应的,因此可以利用一对法进行记忆,把"圆门"和"随缘"这两个信息点通过想象连接在一起,可以想象为"一个老人在这扇圆门上写下'随缘'两个字"。下次回忆时,袁枚的雅称是什么?袁枚,近音是"圆门",圆门上有两个字"随缘","随缘"与"随园"同音,所以袁枚的雅称就是随园老人,这样就能轻松回忆起来,反过来也是一样。

袁枚——随园老人

转线索:袁枚(圆门)、随园(随缘)

一对法:一个老人在这扇圆门上写下"随缘"两个字。

陆游的雅称是倚松老人。用同样的方法记忆,首先进行线索转化,"陆游"近音转化为"旅游","倚松"增字后转化为"倚在松树上";然后利用一对法进行连接,可以想象为"老人旅游途中累了,倚在松树上休息"。下次回忆时,也可以做到一一对应。

陆游——倚松老人

转线索:陆游(旅游)、倚松(倚在松树上)

一对法:老人旅游途中累了,倚在松树上休息。

记忆的本质是线索

苏轼的雅称是东坡居士。用同样的方法记忆，首先进行线索转化，"苏轼"两个字倒过来后再近音转化为"世俗"，"东坡"加一个肉字转化为"东坡肉"；然后利用一对法进行连接，可以想象为"喜欢吃东坡肉的居士就很世俗吗？"下次回忆时，也可以做到一一对应。

苏轼——东坡居士

转线索：苏轼（世俗）、东坡（东坡肉）

一对法：喜欢吃东坡肉的居士就很世俗吗？

总结一下，文人雅称的记忆方法总共分两步，即先转化后连接：首先把左右两边无意义的信息点转化成有意义的信息点，然后将左右两边转化后的信息点利用一对法进行想象连接。实际上，线索记忆的学习主要就分两块：一块是转化的方法，一块是连接的方法。线索连接的方法前面已经做过介绍，也就是之前的四种元方法，接下来重点介绍一下线索转化的两种方法。

2. 汉字的两种转化方法

什么是线索记忆的转化方法呢？就是把无意义的信息点转化成有意义的信息点。为什么需要转化呢？因为无意义的信息点不容易想象，也就无法建立线索，而有意义的信息点可以很容易地通过想象来建立线索。转化就相当于是初步加工，无意义的信息点只有经过初步加工后，才能通过连接的方法进一步加工成一条完整的线索链条，也就是"先转化后连接"。哪些是无意义的信息点呢？中文文字信息共有三种类型，分别是汉字、数字和字母，其中，汉字中的抽象词语及数字和字母都属于无意义的信息点，都是需要进行转化的。数字有数字编码表（第二部分中介绍过），字母有字母编码表（在第六部分我们会单独介绍），这一部分我们主要介绍汉字中抽象词语的转化方法。

汉字中抽象词语的转化是把这些无意义的词语转化成有意义的词语。有意义的词语，从词性分类来说，我们首推的是名词，因为名词是最容易建立线索的词。但也不一定非得是名词，根据上下文的语境和前后联系，有时也可以是动词或是形容

词等。汉字中抽象词语的转化与数字和字母的转化不同，因为数字和字母的数量是有限的，可以做成编码表固定下来；而汉字中抽象词语的数量是很多的，无法固定下来，因此需要现用现转。不过，即便它们是现用现转，也只需要两种转化方法，不需要多余的第三种转化方法，类似于连接方法只需要四种一样。

汉字中，线索转化的两种方法分别叫作"谐音法"和"增减倒字法"，是分别从抽象词语的读音和字数两个方面入手的。

第一种线索转化的方法叫作"谐音法"，是从词语的读音方面入手的。我们把谐音法分成两种，一种叫"同音法"，一种叫"近音法"。顾名思义，同音法是指抽象词语转化前后的读音是相同的，声母和韵母都相同（声调不一定相同），而近音法是指抽象词语转化前后的读音是相近的，大多情况下是韵母相同而声母不同。需要注意的是，本书中"同音法"的"同音"和"近音法"的"近音"与我们语音学上的分法稍有不同。本书是从方便记忆和区分的目的出发而做的特殊划分。根据线索的相似程度，谐音法中首推同音法，同音法不合适时再选择近音法。怎样找到抽象词语的同音词或是近音词呢？方法有二：其一是想象，要发挥你的想象力，在头脑中搜索所有与之相同或相似读音的词语；其二是利用手机或电脑上拼音打字中的联想功能。后者是一种非常简单且有效的方法，比如当你输入"hanzi"这组拼音时，就会出来"汉字""汉子""汗渍"等等好多词语，你可以根据上下文语境和想象的难易程度任意选择其中的一个词语来使用。

举几个例子。"抽象"这个词语本身就很抽象，通过同音法，可以转化为"丑象"，一头非常丑的大象，这样就有了意义。"非常"，这是一个形容词，通过同音法，可以转化为"肥肠"，我们吃的东西，这样就更容易想象。"伏尔泰"，这是一个外国人的名字，外国人的名字音译后大多是比较抽象的，通过近音法，可以转化为"富二代"，这样就更容易建立线索。

我们用一条历史知识来实战一下。"曹魏书法的代表人物是钟繇和胡昭"，这个知识点中的两个人名相对来说知道的人要少一些，不像王羲之和颜真卿那样人尽皆知，那要怎样记忆这两个名字呢？因为人的名字大多属于抽象词语，是无意义的，首先需要进行转化。"钟繇"可以通过同音法转化为"重要"，"胡昭"可以通过同音法转化为"护照"，这样这两个人的名字放在一块儿就是"重要护照"，与问题一连接，可以想象为"曹魏时期'重要护照'上的字都要书法家来写吗？"这样就把所有信息点通过线索连接在了一起。"钟繇"还可以转化为"中药"，相比于

记忆的本质是线索

形容词"重要",我们为什么没有首选名词"中药"呢?是因为根据前后语境,"重要"和"护照"可以更好地连接在一起,更容易建立线索,所以这次选用了形容词。就像上面所说的,当一个词语有好多同音词时,到底选用哪个,要结合上下文的语境和想象的难易程度来进行综合考量。

第二种线索转化的方法叫作"增减倒字法",是从词语的字数和顺序等字词形态方面入手的。增减倒字法包含了增字法、减字法和倒字法三种方法,也就是增加字、减少字和把字词顺序倒过来,我们举例说明如下。

① 增字法:"东坡"增加一个字可以是"东坡肉","文化"增加一个字可以是"文化墙","信用"增加一个字可以是"信用卡","理念"增字后可以是"经理念书","关汉卿"增字后可同音为"关注旱情","元谋人"增字后可近音为"猿模样的人"。

② 减字法:"雅尔塔"减字后可同音为"压塌","贾思勰"减字后可同音为"假死","塔里木"减字后可同音为"梨木","萧伯纳"减字后可同音为"笑纳"。

③ 倒字法:"抽象"倒字后可同音为"乡愁","屈原"倒字后可同音为"冤屈","十六大"倒字后可同音为"大石榴","格陵兰"倒字后可同音为"蓝领哥"。

我们用一条地理知识来实战一下。"我国民族分布的特点是大散居、小聚居、交错杂居。"先转化,"大散居"通过同音法转化为"大三居","小聚居"通过同音法转化为"小聚聚","交错杂居"通过增字法增字后同音转化为"交流切磋杂剧";转化后再连接,通过想象可以连接为"我经常叫一些少数民族的朋友来我的大三居小聚聚,交流切磋杂剧。"这样就把所有的信息点通过线索连接在了一起。

综上所述,汉字中抽象词语的转化方法共有两种,分别是从词语的音和字两个方面入手的,一种是谐音法(同音法、近音法),另一种是增减倒字法(增字法、减字法和倒字法)。

线索记忆的方法分为转化的方法和连接的方法,具体操作是"先转化后连接",首先把汉字中的抽象词语通过线索转化的方法进行转化后,再选择线索连接的方法进行连接,这样就把所有的信息点组成了一条完整的线索链条,就可以将知识点快速且牢固地记住。线索记忆的核心原理,归根结底一句话——"万法一条线",把信息点给连接起来,就能把知识点给牢固记住。

3. 借代词语的记忆方法

借代词语是由一左一右两个一一对应的信息点组成的，怎样进行记忆呢？首先把左右两边词语中无意义的词语进行转化，转化后再连接。下面还是举两个例子来说明。

南冠——囚犯："囚犯"这个词语的意思大家都知道，名词，不需要进行转化。"南冠"这个词语要陌生一些，好多人不知道是什么意思，需要进行转化。"南冠"通过同音法可以转化为"难管"，然后把"难管"和"囚犯"连接在一起，可以想象为"囚犯一般都比较难管吗？"

<h3 style="text-align:center">南冠——囚犯</h3>

转线索：南冠（难管）（同音法）

一对法：囚犯一般都比较难管吗？

巾帼——妇女："妇女"不需要进行转化。"巾帼"需要转化，其转化的方法是先倒字为"帼巾"，再同音转化为"裹巾"，增字后为"裹着头巾"，然后把"裹着头巾"跟"妇女"连接在一起，可以想象为"这里的妇女们都喜欢裹着头巾吗？"

<h3 style="text-align:center">巾帼——妇女</h3>

转线索：巾帼（裹着头巾）（倒字法、同音法、增字法）

一对法：这里的妇女们都喜欢裹着头巾吗？

桑梓——故乡："故乡"这个词语的意思大家都知道，名词，不需要进行转化。"桑梓"这个词语要陌生一些，好多人不知道是什么意思，需要进行转化。"桑梓"通过同音法可以转化为"嗓子"，然后把"嗓子"和"故乡"连接在一起，可以想象为"一回到故乡，我就想喊一嗓子。"

记忆的本质是线索

桑梓——故乡

转线索：桑梓（嗓子）（同音法）

一对法：一回到故乡，我就想喊一嗓子。

总结一下，借代词语的记忆方法共分两步：第一步是先转化两边需要转化的词语，第二步是将左右两边转化后的词语利用一对法相连。先转化后连接，运用的就是转化的方法和连接的方法。

4. 文学之最的记忆方法

文学之最，既然是"最"，那正确答案就只有一个，这种知识点也是由左右两个信息点组成的，运用的方法也是"先转化后连接"。下面我们举两个例子。

我国最早的词典是《尔雅》：需要转化的信息点是"尔雅"，"尔雅"同音转化为"儿呀"，然后将"儿呀"与"我国最早的词典"相连接，可以想象为"儿呀，这本就是我国最早的词典"。

我国最早的词典是《尔雅》

转线索：尔雅（儿呀）（同音法）

一对法：儿呀，这本就是我国最早的词典。

我国古代最著名的爱国词人是南宋的辛弃疾：需要转化的信息点是"辛弃疾"，通过同音法可以转化为"新奇迹"，然后通过想象可以连接为"我国古代最著名的爱国词人是一个可以随时创造出新奇迹的人"。

我国古代最著名的爱国词人是南宋的辛弃疾

转线索：辛弃疾（新奇迹）（同音法）

一对法：我国古代最著名的爱国词人是一个可以随时创造出新奇迹的人。

我国古代现存诗篇最多的诗人是南宋的陆游：需要转化的信息点是"陆游"，通过近音法可以转化为"旅游"，然后通过想象可以连接为"一个天天在旅游的诗人却存诗最多"。

我国古代现存诗篇最多的诗人是南宋的陆游

转线索：陆游（旅游）（近音法）

一对法：一个天天在旅游的诗人却存诗最多。

总结一下，文学之最的记忆方法也分两步，先转化后连接：第一步是先转化两边需要转化的信息点，第二步是将左右两边转化后的信息点利用一对法相连。我们上面介绍的文人雅称、借代词语和文学之最，这些都是由左右两边一一对应的两个信息点组成的，应用的连接方法也都是线索记忆法中的一对法。

5. 作家并称的记忆方法

作家并称，既然是并称，就至少有两个作家，如"南宋四大家"有四个作家。"南宋四大家"分别是杨万里、尤袤、范成大和陆游。在这个知识点中，四个人名是四个信息点，加上问题"南宋四大家"一个信息点，共有五个信息点。记忆的方法之前也介绍过，四个人用一字法，找到的组合是"大陆里袤"，同音为"大陆礼貌"，问和答之间利用一对法，把"大陆礼貌"和"南宋四大家"之间相连接，可以想象为"南宋时大陆的作家都比较有礼貌"，这样就把问和答的五个信息点全部连接在了一起。这种知识点的记忆采用的是一字法和一对法相结合的方法，其中最为关键的是一字法，即怎样找出合理的、有趣的一字法组合。

怎样找出合理的、有趣的一字法组合呢？这是线索记忆法学习中最为关键的一环，也是相对比较花费精力的一环。对于一个知识点，如果你在第一次记忆时就能找出一组有趣的一字法组合，那么接下来的记忆和复习就会变得非常简单、非常容易。

找出一字法组合的方法其实很简单，就是"排列组合"的方法。有时只需排列一组就可以找出一个比较好的组合，有时需要穷尽所有的组合才能找出。我们举两个例子来介绍一下具体的操作方法。

记忆的本质是线索

"元曲四大家"分别是关汉卿、郑光祖、马致远和白朴。我们就按照当前这四个人名字的排列顺序依次来组合一下。首先是关汉卿和郑光祖两个作为一组,分字依次组合的方式如下(注意这种组合是双向的)。

关跟郑:争冠　　关跟光:观光　　关跟祖:官族

汉跟郑:汗蒸　　汉跟光:寒光　　汉跟祖:汉族

卿跟郑:清蒸　　卿跟光:青光　　卿跟祖:无

得到的词语包括争冠、观光、官族、汗蒸、寒光、汉族、清蒸、青光。然后把剩下的两个人名,即马致远和白朴作为一组,同样分字依次组合如下。

马跟白:白马、百马　　马跟朴:无

致跟白:直白、白纸　　致跟朴:质朴

远跟白:圆柏　　　　　远跟朴:园圃

得到的词语包括白马、百马、直白、白纸、质朴、圆柏和园圃。

然后把前后得到的两组词语相组合,即将争冠、观光、官族、汗蒸、寒光、汉族、清蒸、青光和白马、百马、直白、白纸、质朴、圆柏、园圃相组合,可以得到的较好的一字法组合有"百马争冠""白马观光""园圃观光"等。

最后就是从得到的一字法组合中挑选一个合适的组合,怎样挑选呢?首先要看这个一字法组合好不好理解,其次要看这个一字法组合与问题的连接好不好想象。依据这两个原则,从以上组合中可以挑选出"百马争冠(白马郑关)"这个组合,"百马争冠"与问题"元曲四大家"运用一对法相连接，可以想象为"元曲四大家在观看百马争冠"。这样就形成了完整的线索记忆链条。当然你也可以挑选"园圃观光"，与问题相连接为"元曲四大家在园圃中观光"。由于每个人的经历、年龄和知识储备不一样，选择的一字法组合也可能会不一样，我们不必拘于一格，毕竟适合自己的才是最好的。

如果依照前面的组合顺序组合不出像"百马争冠"这样比较好的一字法组合，那么我们还可以接着组合，比如关汉卿和马致远一组，郑光祖和白朴一组；或是关汉卿和白朴一组，郑光祖和马致远一组。发挥想象力，我们最终总能找到一组比较好的一字法组合。

再看一个例子。"初唐四杰"是王勃、杨炯、卢照邻和骆宾王。按照这个顺序，先把王勃和杨炯作为一组，再把卢照邻和骆宾王作为一组，组合后得到的词语如下。

王勃和杨炯：汪洋、仰望

卢照邻和骆宾王：裸露、着落、濒临

组合两组词语，可以得到的一字法组合为"濒临汪洋"。就帮助记忆而言，这个组合效果一般。

我们再看下一种组合方法：王勃和卢照邻作为一组，杨炯和骆宾王作为一组，组合后得到的词语如下。

王勃和卢照邻：路网、网罩、录播、柏林

杨炯和骆宾王：洛阳

组合两组词语，可以得到的一字法组合为"洛阳路网"或是"洛阳网罩"，这两个组合效果也一般。

我们再看最后一种组合方法：王勃和骆宾王作为一组，卢照邻和杨炯作为一组，组合后得到的词语如下。

王勃和骆宾王：菠萝、萝卜

卢照邻和杨炯：朝阳

组合两组词语，可以得到的一字法组合为"朝阳菠萝"或是"朝阳萝卜"。

综合以上三种组合办法得到的一字法组合，共有"濒临汪洋""洛阳路网""洛阳网罩""朝阳菠萝""朝阳萝卜"这五个组合。我们感觉"朝阳菠萝"这个组合不错，如果将它与"初唐四杰"利用一对法进行连接，可以想象为"初唐四杰都喜欢在朝阳中吃菠萝吗？"一对法的连接也不错，所以最终挑选的一字法组合是"朝阳菠萝（照

记忆的本质是线索

杨勃骆）"。

从以上示例可以看出，作家并称的记忆方法总共分两步：首先是从答案的各个信息点中各找出一个字来做一字法组合，然后是将问和答利用"一对法"相连接。另外，从以上的操作中我们可以看出，在线索记忆的四种元方法中，最关键和最核心的元方法是一字法。一字法是从一个信息点中挑出一个字来代表这个信息点，以达到以点代线的效果，然后把这些字组成一句有意义的话，这一句话就是一根线，一根串起所有信息点的线，一根记忆的线，也是一根回忆的线。

6. 作品并称的记忆方法

作品并称的记忆方法与作家并称的记忆方法大体上一致，它们的不同点在于：作家名称是人名，一般为两三个字，字数比较少，而作品名称的字数是不固定的，有可能是一个字，也有可能是两个字，还有可能是三个字、四个字甚至更多的字，更多的字数就意味着有更多可能的组合。

我们先看一个例子。"元杂剧四大悲剧"为《窦娥冤》《汉宫秋》《梧桐雨》《赵氏孤儿》。作品名称有三个字的，也有四个字的。按照这个顺序，首先把前两个作品《窦娥冤》和《汉宫秋》作为一组，再把后两个作品《梧桐雨》和《赵氏孤儿》作为一组，组合后得到的词语分别如下：

《窦娥冤》和《汉宫秋》：憨豆、宫斗、饿汉、喊饿、含冤、员工、公园、圆球、球员

《梧桐雨》和《赵氏孤儿》：无招、五十、武士、无辜、鼓舞、吾儿、同事、古铜、儿童、玉照、浴室、玉石、食欲、鱼骨、古玉、鱼儿、耳语

两组得到的词语都很多，组合这两组词语，能得到的一字法组合有"憨豆无招""憨豆同事""同事宫斗""儿童喊饿""鼓舞员工"等等，也有很多。我们可以选"憨豆无招"这个组合，这个组合中的字全是作品首字，将其与问题运用一对法相连接，可以想象为"憨豆是个英国喜剧演员，让他来演中国元杂剧的四大悲剧，他也无招。"

元杂剧四大悲剧

《**窦**娥冤》《**汉**宫秋》《**梧**桐雨》《**赵**氏孤儿》

语 文 记 忆 语文知识点的记忆方法

一字法：汉窦梧赵（憨豆无招）

一对法：憨豆是个英国喜剧演员，让他来演中国元杂剧的四大悲剧，他也无招。

再看一个例子。莎士比亚的四大悲剧分别是《李尔王》《哈姆雷特》《奥赛罗》《麦克白》。这四部作品组合后挑选出的一字法组合为"哈罗李白"（"哈罗"可以理解为英语单词"hello"的汉语音译），再利用一对法将其与问题相连接，可以想象为"莎士比亚对李白说了句'哈罗'，悲剧了，李白没听懂。"

莎士比亚四大悲剧

《李尔王》《哈姆雷特》《奥赛罗》《麦克白》

一字法：哈罗李白

一对法：莎士比亚对李白说句"哈罗"，悲剧了，李白没听懂。

最后看一个例子。"清末四大谴责小说"分别是《孽海花》《老残游记》《官场现形记》《二十年目睹之怪现状》。这组作品名称有三个字的，四个字的，五个字的和九个字的。同样的方法，通过组合后，挑选出的一字法组合为"二老观花（二老官花）"，再利用一对法将其与问题相连接，可以想象为"二老独自去观花，没人陪伴，儿女受到了谴责。"

清末四大谴责小说

《孽海花》《官场现形记》《二十年目睹之怪现状》《老残游记》

一字法：二老官花（二老观花）

一对法：二老独自去观花，没人陪伴，儿女受到了谴责。

以上就是作品并称的记忆方法，与作家并称的记忆方法是一样的，也分两步：首先是将答案中的信息点利用一字法组合，然后是将问和答利用一对法连接。一字

记忆的本质是线索

法总是和一对法搭配使用，因为一字法只是连接了答案中的信息点，而与问题相连接就需要用到一对法。一对法是可以单独使用的，适用于记忆由一一对应的两个信息点组成的知识点。

一字法加一对法非常适用于成串信息点的记忆，比如语文中的作家并称、作品并称、古诗词和文言文（后面会介绍），历史中的贵族等级、秦的暴政、三大战役，地理中的世界三大宗教、五湖四海、中国四大高原，生物中的四大组织、六大器官、八大系统，等等。

7. 作家简介的记忆方法

作家简介中包含的信息点数量和种类比较多，比如作家名什么，字什么，哪国哪朝人，有什么称号，有什么代表作，等等。这种类型的知识点怎么记忆呢？我们来看三个例子。

第一个例子：陶渊明，名潜，字元亮，自号五柳先生，东晋诗人，我国第一位杰出的田园诗人，代表作有《桃花源记》《归去来兮辞》《归园田居》《饮酒》等。

作家简介的记忆方法总共分三步：第一步，挑选出关键词，就是把需要记忆的信息点先挑选出来。陶渊明简介中，我们挑选到的关键词分别为潜、元亮、五柳、东晋、第一位、田园诗人、《桃花源记》《归去来兮辞》《归园田居》《饮酒》。

第二步，对挑选出来的关键词进行转化，但并不是所有的关键词都需要进行转化，只需要对抽象的、不容易建立线索的关键词进行转化，转化采用的方法就是之前介绍的两大线索转化方法。依照这些线索转化方法，我们可以将陶渊明简介中的关键词转化为：潜（潜逃）（增字法）、元亮（原谅）（同音法）、五柳（五棵柳树）（增字法）、东晋（进洞）（倒字法、同音法）、《桃花源记》（桃花）（减字法）。

第三步，运用故事法将转化好的信息点进行连接。通过想象，可以把陶渊明简介中转化好的关键词编成如下故事：陶渊明的朋友犯了错，皇帝不肯原谅他，他就潜逃了。他没有选择潜逃进洞，而是去了一片田园。在田园里，他首先种上了五棵柳树，然后天天在桃花间饮酒，饮完酒后还作了一首《归去来兮辞》，过起了归园田居的生活。

这样通过挑选关键词、线索转化和故事法连接三步就将所有要记的信息点连成了一条完整的线索链条。

第二个例子：关汉卿，元曲四大家之一，我国古代第一位伟大的戏剧家，主要作品有《窦娥冤》《救风尘》《望江亭》《单刀会》等。

记忆的第一步是挑选关键词：关汉卿，第一位伟大的戏剧家，《窦娥冤》《救风尘》《望江亭》《单刀会》。

第二步是线索转化：窦娥冤（窦娥）（减字法）、单刀会（单刀赴会）（增字法）。

第三步是运用故事法相连：关汉卿的一个朋友是我国古代第一位去望江亭单刀赴会的伟大戏剧家，是为了救风尘中的窦娥。

第三个例子，我们来看一位外国作家：莫泊桑，法国短篇小说巨匠，批判现实主义作家，一生写了300多篇中短篇小说，代表作有《项链》《羊脂球》《我的叔叔于勒》《漂亮朋友》等。

记忆的第一步是挑选关键词：莫泊桑，法国。短篇小说，《项链》《羊脂球》《我的叔叔于勒》，《漂亮朋友》。

第二步是线索转化：莫泊桑（磨破嗓）（近音法）、短篇（短）（减字法）。

第三步是运用故事法相连：我的叔叔于勒有一个来自法国的漂亮朋友，她不喜欢戴用羊脂球做的那条项链。因为它太短了，曾经磨破过她的嗓子。

通过以上三个例子可以看出，作家简介的记忆方法总共分三步：第一步是挑选关键词，也就是关键信息点；第二步是对关键信息点中无意义的信息点进行转化，转化的目的是为了能更好地建立线索；第三步是运用故事法将转化好的信息点进行连接。这种故事法也被称为"关键词故事法"，是故事法的一个变式，因为它编排的信息点都是关键词。作家简介的记忆方法总结成一句话就是"**先挑再转后连**"。

（三）古诗词的记忆方法

现在中学要求背诵的课文基本上都是古文，包括古诗词和文言文，所以我们同步课文介绍的内容也主要是古文。

古诗词包括唐诗、宋词和元曲三类，唐诗包括四句的绝句和八句的律诗两种，我们首先来看一下绝句的记忆方法。

记忆的本质是线索

风

［唐］李峤

解落三秋叶，能开二月花。

过江千尺浪，入竹万竿斜。

绝句的记忆方法跟作家并称的记忆方法很相似，也是运用一字法加一对法。绝句的记忆是先从每句诗中挑一个字组成一句有意义的话，即一字法；然后是诗句和诗名之间运用一对法。这样就把整首诗都连接起来了。相较而言，绝句的组合方法比作家并称更简单也更容易一些。首先，绝句的组合方式是单向的，因为诗句是有前后顺序的，不能反过来进行组合；而作家并称中，先记哪个，后记哪个是无所谓的，所以它的组合是双向的。其次，同样因为诗句是有顺序的，所以只需将第一句和第二句进行组合，第三句和第四句进行组合，不需要将第一句和第三句进行组合，或者是将第一句和第四句进行组合，组合方式更少，所以也更简单。

诗句的组合方法就是把上一句中的每个字分别与下一句中的每个字依次进行组合，然后通过同音法进行转化，最后找出合适的词语。上面这首诗《风》各句组合后，得出的词语分别如下：

"解落三秋叶"和"能开二月花"两句：解开、落花、三月、秋月、秋花

"过江千尺浪"和"入竹万竿斜"两句：国主、锅碗、江湾、千万

组合前后两组中的词语——当然这样的组合也是有前后顺序的，只能从前往后组合，得到的一字法组合分别是"解开国主""落花千万""三月千万"等，结合诗名再综合考虑一下，"落花千万"这个一字法组合不错，于是将其与诗的名字"风"运用一对法进行连接，可以想象为"大风一起，落花千万"。这样就把每句诗和诗名都连接起来了。

古诗词的记忆方法和作家并称的记忆方法还有一个不同点：古诗词的记忆方法我们更推荐使用首字，也就是每句诗的第一个字。因为第一个字是在句首，在记和忆的时候是有首字效应的，也就是根据每句诗的首字最容易将整句诗想起来，其他的字则很难达到这个效果。相反，作家并称并不推荐使用首字，因为作家的首字是姓氏，姓氏的重复率比较高，并不具有代表性，因此不推荐使用。

《风》这首诗如果使用首字，一字法就是"解能过入"，同音法转化后是"节

能果如"，和诗名"风"运用一对法进行想象，可以连接为"用风来发电的节能效果会如你说的那么明显吗？"

我们在编排古诗词的线索记忆法时，90%用的都是首字；如果全用首字实在无法转化的，可以有一两句诗用第二个字或是第三个字；如果还是不行，才退而求其次，选用诗句中的其他字。

我们接着看下一个例子：

潼　关

〔清〕谭嗣同

终古高云簇此城，**秋**风吹散马蹄声。
河流大野犹嫌束，**山**入潼关不解平。

一字法选用诗句首字是"终秋河山"，运用同音法转化后可以是"中秋河山"。作者"谭嗣同"减字后是"嗣同"，运用近音法转化后可以是"刺痛"。诗句的一字法组合同诗名、作者运用一对法进行连接，可以想象为"在中秋夜晚登上潼关，欣赏祖国的大好河山，曾经刺痛过许多游子的心"。

再看一个例子：

夜上受降城闻笛

〔唐〕李益

回乐烽前沙似雪，**受**降城外月如霜。
不知何处吹芦管，**一**夜征人尽望乡。

一字法选用诗句首字是"回受不一"，运用同音法转化后可以是"回首不易"。作者"李益"运用同音法转化后可以是"离异"。诗句的一字法组合同诗名、作者运用一对法进行连接，可以想象为"那个离异的人夜晚登上受降城，听闻笛声，回首往事，备感不易"。

再看一首律诗，律诗的记忆方法和绝句一样，只是多了四句，最后形成的是一个八字的一字法组合。

记忆的本质是线索

别云间

[明]夏完淳

三年羁旅客，**今**日又南冠。
无限山河泪，**谁**言天地宽。
已知泉路近，**欲**别故乡难。
毅魄归来日，**灵**旗空际看。

一字法选用诗句首字是"三今无谁，已欲毅灵"，运用近音法转化后可以是"三斤雾水，溢于衣领"，作者"夏完淳"运用同音法和减字法转化后可以是"晚春"，诗句的一字法组合同诗名、作者运用一对法进行连接，可以想象为"如果在晚春时节与人在山顶的云间告别，衣服都会湿透的，有时会有三斤雾水溢于衣领"。

再看一首宋词，宋词的记忆方法和前面的方法都一样，只是一字法组合的字数不一样而已。

相见欢

[宋]朱敦儒

金陵城上西楼，**倚**清秋。**万**里夕阳垂地大江流。
中原乱，簪缨散，**几**时收？**试**倩悲风吹泪过扬州。

一字法选用词句首字是"金倚万，中缨几试"，运用同音法转化后可以是"近一万，中英纪实"。作者"朱敦儒"减字后是"敦儒"，运用同音法转化后可以是"遁入"。诗句的一字法组合同诗名、作者运用一对法进行连接，可以想象为"遁入空门后，他写的《中英纪实》这本书，卖了近一万册"（此处《中英纪实》是为辅助记忆虚构的作品名称）。

综上所述，古诗词中绝句、律诗、宋词和元曲的记忆方法都是一样的，都分两步：首先是将诗句运用一字法进行组合，然后是将诗句的一字法组合与诗名、作者之间运用一对法进行连接。

（四）文言文的记忆方法

1. 记叙类文言文的记忆方法

记叙类文言文的记忆方法，概括成一句话就是"先理解后记忆"，总共分为两步：先用理解记忆，后用线索记忆。第一步是理解，先用思维导图梳理清楚文章的结构（思维导图的绘制方法前面已有介绍），结构梳理清晰后文章就非常容易理解，容易理解也就容易记忆。第二步是记忆，用线索记忆法记住前前后后的每一句话，使用的方法是一字法加一对法，具体的操作方法是先用一字法，将文章的每一句挑一个字组成一句有意义的话；然后用一对法，把用一字法组成的句子与这段话所表达的意思，也是思维导图中这段话所对应的关键词相连接。其中，**理解用的工具是思维导图，总结的是大线索，是天然就存在的线索；记忆用的工具是线索记忆，加工的是小线索，是人工加工出来的线索。**

我们以部编版初中语文中《湖心亭看雪》为例，介绍一下记叙类文言文记忆的具体操作方法。

湖心亭看雪

崇祯五年十二月，余住西湖。大雪三日，湖中人鸟声俱绝。是日更定矣，余拏一小舟，拥毳衣炉火，独往湖心亭看雪。雾凇沆砀，天与云与山与水，上下一白，湖上影子，惟长堤一痕、湖心亭一点、与余舟一芥、舟中人两三粒而已。

到亭上，有两人铺毡对坐，一童子烧酒炉正沸。见余大喜曰："湖中焉得更有此人！"拉余同饮。余强饮三大白而别。问其姓氏，是金陵人，客此。及下船，舟子喃喃曰："莫说相公痴，更有痴似相公者。"

这篇文言文不足200字，叙事、写景和抒情却样样不落。我们来逐句分析一下文章的结构："崇祯五年十二月"叙述的是事情发生的时间，关键词即"时间"；"余住西湖"叙述的是事情发生的地点，关键词即"地点"；"大雪三日，湖中人鸟声俱绝"

记忆的本质是线索

叙述的是事情发生的原因,因为下了三日的大雪,湖中的人声和鸟声都消失了,很寂静,所以才想去湖心亭看一看雪景,关键词即"原因";"是日更定矣,余拏一小舟,拥毳衣炉火,独往湖心亭看雪"叙述的是这件事情的准备工作,关键词即"准备"。以上四句分别叙述了湖心亭看雪这件事情发生的时间、地点、原因和所做的准备工作,因此上一级关键词即"叙事"。

"雾凇沆砀,天与云与山与水,上下一白",这是对西湖夜雪的总体描写,关键词即"总写";"湖上影子,惟长堤一痕、湖心亭一点、与余舟一芥、舟中人两三粒而已",这是对西湖夜雪的分点描写,关键词即"分写"。以上两句分别从总体和细节两方面利用白描手法描写了夜晚西湖的雪景,因此上一级关键词可总结为"西湖夜雪图"。

"到亭上,有两人铺毡对坐,一童子烧酒炉正沸",描述的是事件中的人物,关键词即"人物";"见余大喜曰:'湖中焉得更有此人!'拉余同饮。余强饮三大白而别。问其姓氏,是金陵人,客此",描述的是人物的对话,是游览经过,关键词即"经过"。以上两句描述的是作者与人在湖心亭中饮酒的经过,上一级关键词可总结为"雪中饮酒图"。

"西湖夜雪图"和"雪中饮酒图"都是写景,因此,再往上一级的关键词是"写景",与前面的关键词"叙事"并列为一级关键词。

"及下船,舟子喃喃曰:'莫说相公痴,更有痴似相公者。'"这是借舟子的口来抒情,是事情的结果,关键词即"结果",上一级关键词就是"抒情",与前面的关键词"写景"和"叙事"并列为一级关键词。

依照上面找到的各级关键词及其对应的文章内容,本文绘制的思维导图如图 4-1 所示。

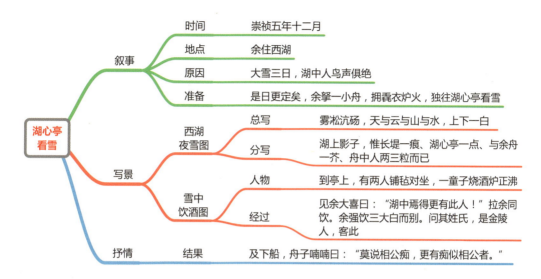

图 4-1 《湖心亭看雪》理解记忆

  对照思维导图来看，文章的结构一目了然，但这只是文章的主线，并不能让你把文章的每一句话都完整地背诵下来，怎样对文章内容进行具体记忆呢？这就要用到线索记忆法，也就是前面所说的一字法加一对法。

  本文叙事中的时间、地点和原因，句型比较短小，根据思维导图即可记忆。准备工作中的"是日更定矣，余拏一小舟，拥毳衣炉火，独往湖心亭看雪"这四小句要用到一字法。之前介绍过，一字法首选首字，因为有首字效应。这四句的首字为"是余拥独"，运用同音法转化后可以是"市域拥堵"，然后运用一对法将其与这几句话所对应的思维导图中的关键词"准备"进行连接，可以想象为"因为今天市域有些拥堵，所以我准备走西湖边"。这样就形成了完整的线索链条。

  接下来是"雾凇沆砀，天与云与山与水，上下一白，湖上影子"这四句，本来"湖上影子"是属于接下来的分写中的首句，因为与"雾凇沆砀，天与云与山与水，上下一白"这三句加在一起正好是四句，下面分写中剩下的也是四句，而四句是最容易找一字法的，所以我们这里把它提了上来。这四句选四个首字后是"雾天上湖"，这四个字本身就有意义，不需要再进行转化，将其与对应的关键词"西湖夜雪图"运用一对法进行连接，可以想象为"雾天上西湖去看夜雪"。

  接下来"惟长堤一痕、湖心亭一点、与余舟一芥、舟中人两三粒而已"这四句，一字法选用首字为"惟湖与舟"，同音法转化为"维护宇宙"，将其与对应的关键词"西湖夜雪图"运用一对法进行连接，可以想象为"我们要维护好西湖的环境，因为它

记忆的本质是线索

的夜雪图是宇宙中最美的画面之一"。

运用同样的方法对余下的内容进行线索连接,本文绘制出的线索记忆思维导图如图 4-2 所示。

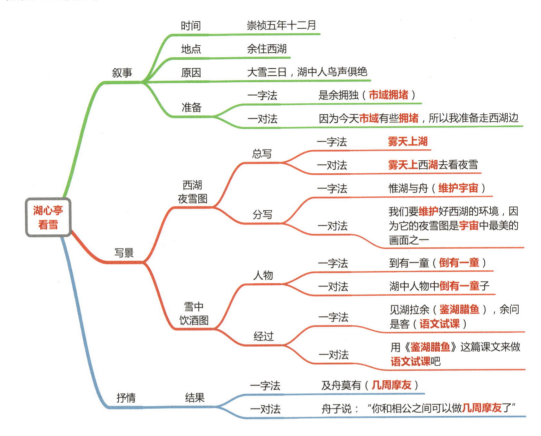

图 4-2 《湖心亭看雪》线索记忆

为了使用方便,我们可以把理解记忆和线索记忆的思维导图合并成一张。除此之外,一篇古文的学习还包括其他内容,如作者简介、写作背景和中心思想,还有文言词汇中的古今异义词、一词多义和词类活用等,如果把这些整理好后都绘制在一张思维导图上,那么整篇古文的所有知识点就都一目了然了。依照这个方法,本文最终绘制的思维导图如图 4-3、图 4-4 所示。(因为思维导图过长,一页无法放下,因此分成上下两个部分,分别放在两页中,同学们平常使用时最好放在一张思维导图中,下同。)

语文记忆 语文知识点的记忆方法

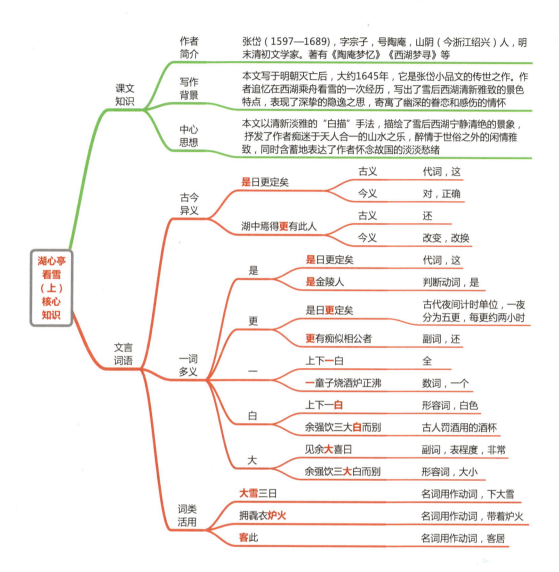

图 4-3 《湖心亭看雪》知识点导图（上）

记忆的本质是线索

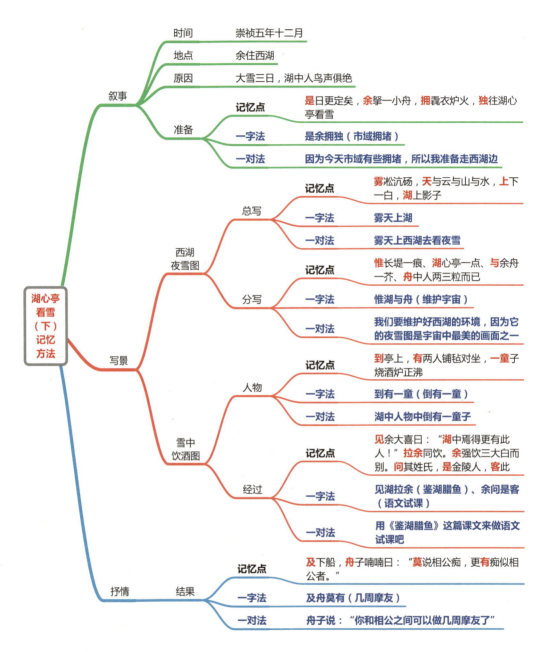

图 4-4 《湖心亭看雪》知识点导图（下）

2. 议论类文言文的记忆方法

议论类文言文的记忆方法与记叙类文言文基本相似，也是先理解后记忆，先用理解记忆，后用线索记忆。它们之间的不同点在于：因为议论文和记叙文的体裁不同，所以文章的结构不一样，也就是它们在理解记忆这一块的梳理方法是不一样的。记叙类文言文梳理的是记叙文的六要素，即人物、时间、地点和事件的起因、经过、结果；而议论类文言文梳理的则是议论文的论点、论据和论证的过程。

孟子以雄辩著称，我们以孟子的一篇议论文——部编版初中语文中的《富贵不能淫》一文为例，介绍一下议论类文言文记忆的具体操作方法。议论文有立论文和驳论文之分，立论文是先提出自己的论点，然后通过摆论据来论证自己的论点；驳论文是先批驳对方的论点，然后提出自己的论点，最后通过摆论据来论证自己的论点，先破后立或是破立结合。《富贵不能淫》即为驳论文。

富贵不能淫

景春曰："公孙衍、张仪岂不诚大丈夫哉？一怒而诸侯惧，安居而天下熄。"

孟子曰："是焉得为大丈夫乎？子未学礼乎？丈夫之冠也，父命之；女子之嫁也，母命之，往送之门，戒之曰：'往之女家，必敬必戒，无违夫子！'以顺为正者，妾妇之道也。居天下之广居，立天下之正位，行天下之大道。得志，与民由之；不得志，独行其道。富贵不能淫，贫贱不能移，威武不能屈。此之谓大丈夫。"

同样，我们来逐句分析一下文章的结构。"景春曰：'公孙衍、张仪岂不诚大丈夫哉？一怒而诸侯惧，安居而天下熄。'"景春的话中，第一句的意思是公孙衍和张仪确实是真正的大丈夫，这是敌方的论点，关键词即为"论点"。因为他们"一怒而诸侯惧，安居而天下熄"，也就是他们一发怒，诸侯都害怕，一安居天下就太平，他们有那么大的影响力，所以他们是真正的大丈夫，这句话是用来证明敌方论点的，是敌方的论据，关键词即为"论据"。这一段内容是说明敌方的论点和论据的，所以一级关键词即为"敌论"。

"孟子曰：'是焉得为大丈夫乎？子未学礼乎？'"意思是你如果学过礼的话，就不会认为他俩是大丈夫，这是批驳敌方的论点，关键词即为"驳论点"。"丈夫之冠也，父命之；女子之嫁也，母命之，往送之门，戒之曰：'往之女家，必敬必戒，无违夫子！'"这几句是用母亲嫁女儿时的训话作为对比来进行论证的，关键词即为"对比论证"。"以顺为正者，妾妇之道也"，把顺从别人作为自己行事的准则，

记忆的本质是线索

这是妾妇的做法。母亲告诫女儿要无违夫子，无论丈夫做得是对是错，作为妾妇都要顺从自己的丈夫。妾妇顺从的是自己的丈夫，而公孙衍和张仪顺从的是自己的主公，他们顺从的都是别人的想法，而不是正确的道义，所以"一怒而诸侯惧，安居而天下熄"和"以顺为正者"的人都不是真正的大丈夫，这是批驳敌方的论据，因此这一句的关键词是"驳论据"。因为这三部分的关键词分别是"驳论点""对比论证"和"驳论据"，所以它们上一级的关键词即为"驳论"，"驳论"也是一级关键词。

什么样的人才是真正的大丈夫呢？"居天下之广居，立天下之正位，行天下之大道。"住进天下最宽广的住宅里，这个住宅就是"仁"；站在天下最正确的位置上，这个位置就是"礼"；行走在天下最正确的道路上，这条道路就是"义"。大丈夫的做法是要顺从"仁""义""礼"这些行为准则，而不是顺从别人的想法，因此这句话的关键词是"大丈夫的做法"。"得志，与民由之；不得志，独行其道。"得志时，与百姓一同遵循正道而行；不得志时，独自走自己的正确道路。这是大丈夫行事的人生态度，因此这句话的关键词是"大丈夫的态度"。"富贵不能淫，贫贱不能移，威武不能屈。此之谓大丈夫。"富贵不能使你迷惑，贫贱不能使你动摇，威武不能使你屈服，这样的人才是真正的大丈夫，这才是真正大丈夫的标准，因此这句话的关键词是"大丈夫的标准"。"大丈夫的做法""大丈夫的态度"和"大丈夫的标准"，这三个关键词说的是孟子自己的论点，因此上一级关键词即为"立论"，也是一级关键词。

依照上面找到的各级关键词及其对应的文章内容，本文绘制的思维导图如图 4-5 所示。

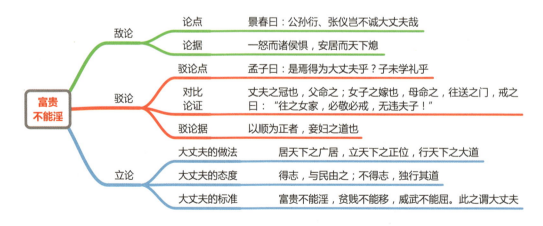

图 4-5 《富贵不能淫》理解记忆

语文记忆 语文知识点的记忆方法

接下来，跟记叙类文言文的线索记忆方法一样，利用一字法加一对法进行记忆，《富贵不能淫》线索记忆的思维导图绘制如图 4-6 所示。

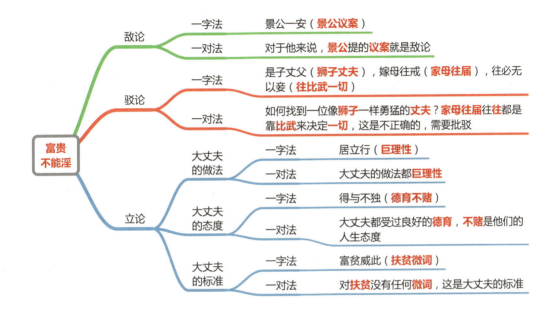

图 4-6 《富贵不能淫》线索记忆

把理解记忆和线索记忆的思维导图合并为一张，再加上文言词语等相关知识点，本文最终绘制的思维导图如图 4-7 所示。

以上就是记叙类文言文和议论类文言文的记忆方法，都是分两步：先理解后记忆，即先用理解记忆，后用线索记忆。理解记忆找到的是文章的天然线索，是大线索；线索记忆加工的是便于记忆的人工线索，是小线索，两者搭配使用，效果更好。

记忆的本质是线索

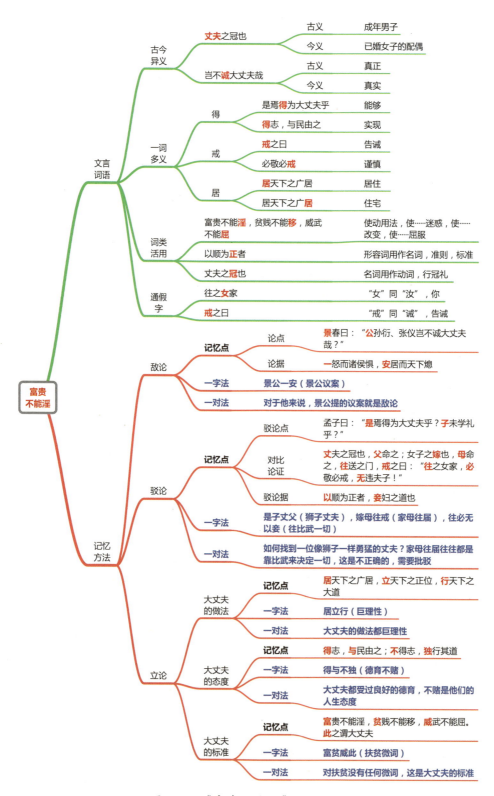

图 4-7 《富贵不能淫》知识点导图

五、史道地生

史道地生知识点的记忆方法

SHI DAO DI SHENG

SHI DAO DI SHENG ZHISHIDIAN DE JIYI FANGFA

记忆的本质是线索

五

前面我们介绍了语文科目中各种知识点的记忆方法，这些知识点都是属于汉字类信息，同样属于汉字类信息的科目还有历史、道德与法治、地理、生物等。这些科目中的知识点除了包含汉字，有的还包含一些数字，如历史中的年代，地理中的山高水长等。由于这些科目中的知识点种类和编排方式都很相似，同时我们整理出的思维导图和线索记忆的加工方法也都很相似，所以就把这些科目放在一起来介绍。介绍内容共分为两个部分，前半部分是将每一节或每一课的知识点都梳理在一张思维导图上，能起到深入理解的作用，对应着学习中的"理解"环节；后半部分是将每一节或每一课的必背知识点用线索记忆的方法进行加工，能起到快速记忆的作用，对应着学习中的"记忆"环节。希望这样的编排能在整体上达到"深理解，巧记忆，学习变容易；活思维，富想象，成长真方向"的学习和个人成长目标。

下面我们以初中阶段的历史、道德与法治、地理、生物四个科目为例，从每一个科目的每一个年级中各挑选一课或一节作为实例来进行介绍。

（一）历史同步知识点的梳理和记忆

进行思维导图梳理时，按照章节编排的科目，中心词的选择非常简单，就是把这一节或是这一课的标题作为中心词，因为标题基本上就概括了这一节或这一课的核心内容，也符合中心词的选择原则。

思维导图第一级关键词的选择也很简单，这些科目的每一节或每一课的具体内容都会分成几个部分，每一个部分也都会有一个标题，这些标题基本上概括了这一部分的核心内容，因此可以把这些标题作为思维导图的第一级关键词。

思维导图梳理的关键是第二级关键词的选择，也就是每个部分内容中关键词的提取。历史科目有一个特点，就是历史本身都是由故事组成的，历史课文关键词的选择就好比记叙文中的六要素，即时间、地点、人物和事件的起因、经过、结果，当然还包括一些事件的作用、意义和影响等，因此只需提取这些关键词即可。下面我们将分别从初中三个年级中各挑选一课作为实例来进行介绍。

1. 七年级历史知识点的梳理和记忆实例

部编版《历史》七年级上册第1课为《中国境内早期人类的代表——北京人》，中心词即为本节课的题目。这一课共有三个部分，第一部分的标题是"我国境内的早期人类"，主要介绍的是元谋人，结合中心词，这部分的一级关键词可以提取为"元谋人"；第二部分和第三部分的标题分别是"北京人"和"山顶洞人"，它们本身就可以作为这两个部分的一级关键词。因此本课的一级关键词共有3个，分别是"元谋人""北京人"和"山顶洞人"。

细读"元谋人"这一部分，"最具代表性的早期人类是元谋人、北京人和山顶洞人"，这一句的关键词是"早期人类"；"云南元谋县"是元谋人的"发现地点"；"距今约170万年"是元谋人生活的"距今时间"；"能够制作工具，知道使用火"是元谋人"掌握的技能"；"我国境内目前已确认的最早的古人类"是元谋人在历史中的"意义地位"。因此这一部分的二级关键词分别是"早期人类""发现地点""距今时间""掌握技能"和"意义地位"。

细读"北京人"这一部分，"北京西南周口店龙骨山"是北京人的"发现地点"；"距今约70万—20万年"是北京人生活的"距今时间"；"前额低平，眉骨粗大，颧骨突出，鼻骨扁平，嘴部前伸，脑容量比现代人小。他们的身高平均为157厘米，上肢与现代人相似，下肢较上肢略长，能够直立行走"是北京人的"外貌特征"；"打制石器""学会使用火，还会长时间保存火种"是北京人生活中"掌握的技能"；"用火烧烤食物、防寒、照明、驱兽"是"火的作用"，"学会用火是人类进化史上的里程碑"是"火的意义"，这两者可合并为"火的使用"。因此这部分的二级关键词分别是"发现地点""距今时间""外貌特征""掌握技能""火的使用"。

细读"山顶洞人"这一部分，"距今约3万年"是山顶洞人生活的"距今时间"；

记忆的本质是线索

"周口店龙骨山顶部的洞穴"是山顶洞人的"发现地点";"掌握磨光和钻孔技术""懂得人工取火""交换生活用品""爱美意识""埋葬逝者"是山顶洞人生活中"掌握的技能"。因此这部分的二级关键词分别是"发现地点""距今时间"和"掌握技能"。

根据上面找到的中心词、一级关键词、二级关键词及其对应的课本内容,本课绘制的思维导图如图 5-1 所示。

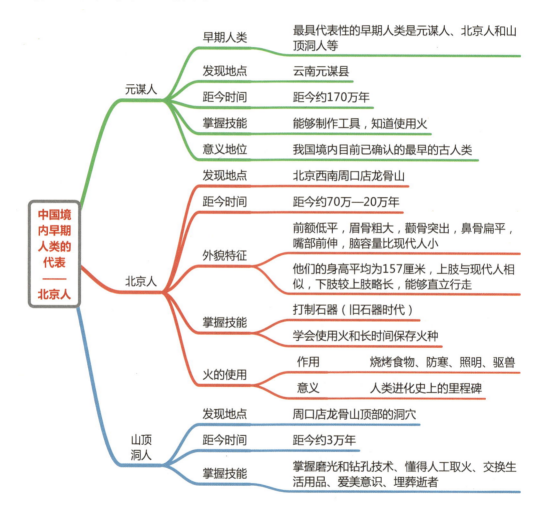

图 5-1 《中国境内早期人类的代表——北京人》思维导图

根据课本内容和梳理出的思维导图,以及之前介绍的线索转化方法和线索连接方法,《中国境内早期人类的代表——北京人》这一课需要记忆的知识点及其线索记忆的加工方法如下。

◎ 最具代表性的早期人类：元谋人、北京人和山顶洞人。

一字法：北京元顶（北京园丁）

一对法：最具代表性的早期人类是一个北京园丁首先发现的吗？

◎ 我国境内目前已确认的最早的古人类：元谋人。

转线索：元谋人（猿模样的人）（增字法）

故事法：我国境内目前已确认的最早的古人类是像猿模样的人吗？

◎ 元谋人：发现于云南元谋县，距今约170万年，会制作工具和使用火。

一字法：火工（火攻）

一对法：元谋人有没有掌握火攻的技能？

◎ 北京人：发现于周口店龙骨山，距今约70万—20万年，会打制石器和保存火种。

转线索：70（骑士）、20（儿时）（同音法）

故事法：这几个北京的骑士儿时经常在龙骨山上训练。

◎ 北京人的外貌特征：

①头骨：前额低平，眉骨粗大，颧骨突出，鼻骨扁平，嘴部前伸，脑容量比现代人小。

一字法：脑鼻额眉嘴颧（老比峨眉醉拳）

一对法：一个头骨奇特的北京人老是要和我比试峨眉醉拳。

②他们的身高平均为157厘米，上肢与现代人相似，下肢较上肢略长，能够直立行走。

转线索：157（硬武器）（近音法）

一字法：上似下长（上司下场）

故事法：那个北京人的上司正要拿着一件硬武器下场来救他。

◎ 火的作用：烧烤食物、防寒、照明、驱兽。

一字法：寒食兽明（汉室寿命）

一对法：发挥好火的作用可以延长汉室的寿命吗？

记忆的本质是线索

◎ **山顶洞人**：周口店龙骨山顶部的洞穴，距今约3万年，掌握的技能有**磨**光石器、**人**工取火、**交**换物品，有**爱**美意识，也会**埋**葬逝者。

一字法：交爱人磨埋（**教爱人摸脉**）

一对法：一个山顶洞人正在**教**他的**爱人**怎样给别人**摸脉**。

2. 八年级历史知识点的梳理和记忆实例

部编版《历史》八年级上册第1课为《鸦片战争》，这个标题可作中心词。本课共分三个部分，第一部分标题为"鸦片走私与林则徐禁烟"，包括两部分内容，即"鸦片走私"和"林则徐禁烟"，因此这部分的一级关键词可以提取两个，分别是"鸦片走私"和"林则徐禁烟"；第二部分标题为"英国发动侵略战争"，详细介绍了鸦片战争，因此这部分的一级关键词可以提取为"鸦片战争"；第三部分的标题为"《南京条约》的签订"，这个标题就可以作为这部分的一级关键词。因此本课的一级关键词共有4个，分别是"鸦片走私""林则徐禁烟""鸦片战争"和"《南京条约》的签订"。

细读"鸦片走私"这一部分，"在正当贸易中，中国处于明显的出超地位"是英国鸦片走私的"原因"，"从中国掠走3亿至4亿银元"是鸦片走私的"结果"，因此这部分的二级关键词分别是鸦片走私的"原因"和"结果"。

细读"林则徐禁烟"这一部分，"白银大量外流直接威胁到清政府的财政；许多官员、士兵吸食鸦片，不但严重摧残了他们的体质，更导致政治腐败和军队战斗力削弱"是禁烟的"原因"；"1838年底，道光帝派力主禁烟的林则徐为钦差大臣，前往广东查禁鸦片"是禁烟的"过程"；"1839年6月3日至25日，收缴的鸦片在虎门海滩被当众销毁"是禁烟的"结果"；"虎门销烟是中国人民禁烟斗争的伟大胜利，显示了中华民族反抗外来侵略的坚强意志"是禁烟的"意义"。因此这部分的二级关键词分别是林则徐禁烟的"原因""过程""结果"和"意义"。

细读"鸦片战争"这一部分，"中国禁烟的消息传到伦敦，英国政府公然支持罪恶的毒品走私，发动侵华战争"是鸦片战争爆发的"直接原因"；"1840年6月鸦片战争爆发"是鸦片战争爆发的"时间"；接下来详细介绍了鸦片战争的"过程"；"清朝封建专制制度腐败，统治者昏庸愚昧，对内敌视人民，对外妥协投降，再加上经济落后，旧式的刀、矛、弓箭、抬枪等武器抵挡不住英军新式的步枪和大炮"是"中

史道地生知识点的记忆方法

国失败的原因";"《南京条约》的签订"这部分的最后一段中,"鸦片战争改变了中国历史发展的进程。中国丧失了完整独立的主权,中国社会的自然经济遭到破坏,开始从封建社会变为半殖民地半封建社会。鸦片战争成为中国近代史的开端"是鸦片战争的"影响"。因此这部分的二级关键词分别是鸦片战争的"时间""原因""过程""中国失败原因"和"影响"。

细读"《南京条约》的签订"这一部分,"1842年8月,清政府被迫与英国签订了中国近代史上第一个丧权辱国的不平等条约——中英《南京条约》"是条约签订的"时间"和"影响";"《南京条约》的主要内容有:开放广州、福州、厦门、宁波、上海五处为通商口岸;割香港岛给英国;赔款2100万银元;英商进出口货物应纳税款,必须经过双方协议"是条约的"内容";接下来的两段介绍其他不平等条约。因此这部分的二级关键词分别是《南京条约》签订的"时间""内容""影响"和"其他条约"。

根据上面找到的中心词、一级关键词、二级关键词及其对应的课本内容,本课绘制的思维导图如图5-2所示。

根据课本内容和梳理出的思维导图,以及之前介绍的线索转化方法和线索连接方法,《鸦片战争》这一课需要记忆的知识点及其线索记忆的加工方法如下。

◎ **林则徐禁烟的原因:**
①白银大量外流直接威胁到清政府的财政。
②鸦片严重摧残官员、士兵的体质。
③鸦片导致政治腐败和军队战斗力削弱。
一字法:白银腐体(白银扶梯)
一对法:林则徐禁烟是因为朝廷腐败吗?据说他们用白银来制作扶梯。

◎ **道光帝派林则徐前往广东查禁鸦片。**
转线索:道光(倒光)(同音法)
故事法:皇帝命令林则徐一定要倒光所有的鸦片。

◎ **1839年:林则徐虎门销烟。**
转线索:1839(一把伞就)(同音法)
故事法:他只撑着一把伞就跟着林则徐前往虎门销烟了。

记忆的本质是线索

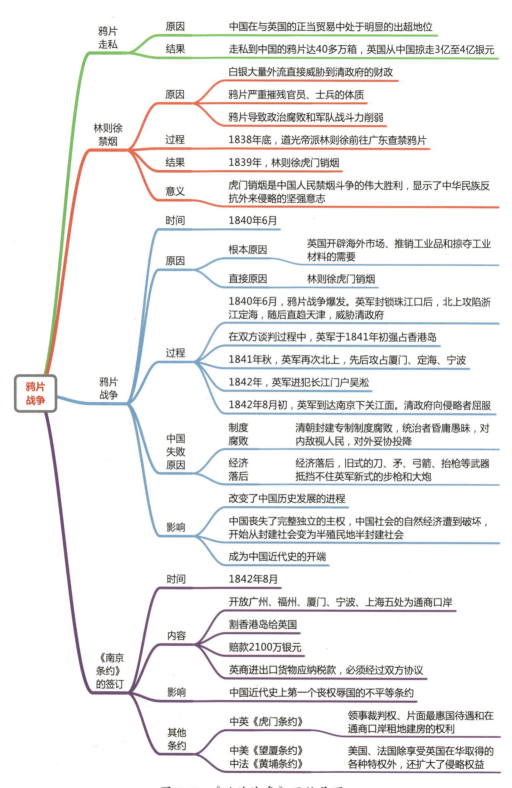

图 5-2 《鸦片战争》思维导图

◎ 1840 年：鸦片战争。

转线索：1840（一把司令）（同音法）

故事法：敌人的牌面是一把司令，鸦片战争该怎么打？

◎《南京条约》的签订：时间 1842 年，中国近代史上第一个丧权辱国的不平等条约。

转线索：1842（一把柿儿）（近音法）

故事法：听说在南京签订了中国近代史上第一个丧权辱国的不平等条约，气得我一把捏碎了手中的柿儿。

◎《南京条约》的主要内容：

①开放广州、福州、厦门、宁波、上海五处为通商口岸。

②割香港岛给英国。

③赔款 2100 万银元。

④英商进出口货物应纳税款，必须经过双方协议。

一字法：银岸税岛（阴暗水道）

一对法：南京条约的主要内容是在一条阴暗的水道内拟定的吗？

开放广州、福州、厦门、宁波、上海五处为通商口岸

一字法：广州波福厦海（广州伯父下海）

一对法：广州伯父准备去开放了的通商口岸下海。

◎《虎门条约》的主要条款：

①领事裁判权；②片面最惠国待遇；③在通商口岸租地建房的权利。

一字法：领片建（零偏见）

一对法：《虎门条约》中的主要条款能对双方都做到零偏见吗？

3. 九年级历史知识点的梳理和记忆实例

部编版《历史》九年级上册第 1 课为《古代埃及》，可把这个标题作为中心词。本篇课文共分三个部分，第一部分标题为"尼罗河与古埃及文明"，包括两部分内容，分别是"尼罗河"和"古埃及文明"，因此这一部分的一级关键词可以提取两个，

记忆的本质是线索

分别是"尼罗河"和"古埃及文明";第二部分和第三部分的标题分别是"金字塔"和"法老的统治",它们本身就可以作为一级关键词。因此本课的一级关键词共有4个,分别是"尼罗河""古埃及文明""金字塔"和"法老的统治"。

细读"尼罗河"这一部分,"世界上最长的河流尼罗河贯穿埃及南北"说的是尼罗河的"地位";"每年尼罗河定期泛滥,当洪水退去后,两岸留下肥沃的黑色淤泥,非常有利于农业生产。因此,古埃及被认为是'尼罗河的赠礼'"说的是尼罗河的"影响"。因此这部分的二级关键词分别是尼罗河的"地位"和"影响"。

细读"古埃及文明"这一部分,"约从公元前3500年开始,在尼罗河下游陆续出现了若干个小国家"是古埃及文明的"诞生时间";"公元前3100年左右,古埃及初步实现了统一"是古埃及文明的"统一时间";"在法老图特摩斯三世统治时期,古埃及成为强大的军事帝国"是古埃及文明的"鼎盛时期";"公元前525年,波斯帝国吞并古埃及,后来,亚历山大帝国和罗马帝国先后占领古埃及。古埃及文明没有延续下去"是古埃及文明的"结果";"古埃及的科学和文化取得了很高的成就,其中天文学、数学和医学成就最为突出。太阳历是古埃及天文学的突出成就之一。古埃及的象形文字是世界上最早的文字之一"是古埃及文明的"科学文化"。因此这部分的二级关键词分别是古埃及文明的"诞生时间""统一时间""鼎盛时期""结果""科学文化"。

细读"金字塔"这一部分,"法老为自己修建呈角锥体状的陵墓,它的每个侧面都形似汉字'金',因此,中国人称之为'金字塔'"说的是金字塔的"用途"和"形状";"金字塔是古埃及文明的象征"说的是金字塔的"意义";"古埃及最大的金字塔是胡夫金字塔"说的是"最大"的金字塔,因此这部分的二级关键词分别是金字塔的"用途""形状""意义""最大"。

细读"法老的统治"这一部分,"金字塔的修建,反映了古埃及国王的无限权力"说的是权力的"象征";"古埃及的国王称'法老'",说的是法老名称的"由来";"法老作为全国最高的统治者,集军、政、财、神等大权于一身。在宗教上,法老被认为是'神之子',具有无上的权威"是法老的"统治特点";"随着社会矛盾的激化,王权受到多方面的挑战。胡夫金字塔之后,金字塔越修越小,反映了王权的逐渐衰落"说的是"王权衰落"。因此这部分的二级关键词分别是法老的"象征""由来""统治特点""王权衰落"。

根据上面找到的中心词、一级关键词、二级关键词及其对应的课本内容,本课

史道地生知识点的记忆方法

绘制的思维导图如图 5-3 所示。

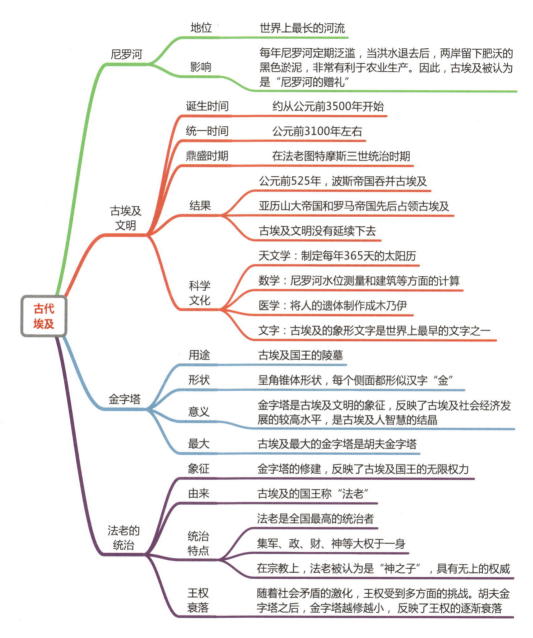

图 5-3 《古代埃及》思维导图

根据课本内容和梳理出的思维导图，以及之前介绍的线索转化方法和线索连接方法，《古代埃及》这一课需要记忆的知识点及其线索记忆的加工方法如下。

记忆的本质是线索

◎尼罗河：世界上最长的河流，古埃及文明被认为是尼罗河的赠礼。

转线索：尼罗（泥螺）（同音法）

故事法：据说世界上最长的河流里到处都是泥螺，这是送给古埃及文明的赠礼。

◎古埃及文明诞生时间：约公元前3500年。

转线索：3500（散钱物）（同音法）

故事法：据说古埃及文明诞生时散了好多的钱物。

◎古埃及文明统一时间：公元前3100年左右。

转线索：3100（散钱易）（同音法）

故事法：古埃及文明的统一者认为，散钱容易聚钱难。

◎新王国时代法老图特摩斯三世统治时期是古埃及鼎盛时期。

转线索：图特摩斯（土特摩丝）（同音法）、三世（三十）（同音法）

故事法：据说古埃及鼎盛时期曾经有一种土特产摩丝，只要三十元一瓶。

◎古埃及科学文化最突出的成就：天文学、数字、医学和文字。

一字法：天字医数（天子遗书）

一对法：那份天子的遗书中记载了许多古埃及的科学文化技术。

◎胡夫金字塔是古埃及最大的金字塔。

转线索：胡夫（虎符）（同音法）

故事法：古埃及最大的金字塔里有虎符吗？

（二）道德与法治同步知识点的梳理和记忆

部编版初中《道德与法治》课本的编排特点是每一课都分为两个或三个大的部分，每一个大的部分都有一个标题，因此可以把这些标题作为一级关键词。每一个大的部分又分成几个小的板块，每一个小的板块也都有自己的标题，因此可以再把这些标题作为二级关键词。最后再从小的板块中挑选出其中的关键信息作为三级关键词。

史 道 地 生 史道地生知识点的记忆方法

道德与法治课程初中需要学习三年，下面我们将从三个年级中各挑选一课作为实例来进行介绍。

1. 七年级道德与法治知识点的梳理和记忆实例

部编版《道德与法治》七年级上册第一课为《中学时代》，可把这个标题作为思维导图的中心词。这一课共分为两个大的部分，标题分别为"中学序曲"和"少年有梦"，把这两个标题作为一级关键词。

细读"中学序曲"这一部分，"我们有了一个新的名字——中学生！"和"中学生活，对我们来说意味着新的机会和可能，也意味着新的目标和挑战"等内容，叙述的关键信息是"新的起点新在哪里"，可以把这个信息点作为二级关键词；"成长中的每个阶段都有独特的价值和意义"这一段及下段，叙述的关键信息是"中学时代有什么意义"，可以把这个信息点作为二级关键词；"中学生活为我们的发展提供了多种机会"这一段，叙述的关键信息是"中学生活有哪些机会"，可以把这个信息点作为二级关键词。因此这部分的二级关键词共有3个，分别是"新的起点新在哪里""中学时代有什么意义"和"中学生活有哪些机会"。

细读"少年有梦"这一部分，共有两部分内容，标题分别为"有梦就有希望"和"努力就有改变"，可以把这两个标题作为二级关键词。"有梦就有希望"中，前两段介绍的是"梦想的价值和意义"，后两段介绍的是"怎样树立少年梦想"；"努力就有改变"中，第一段介绍"对待梦想的态度"，第二段介绍"实现梦想的方法"，接下来几段介绍"如何正确对待努力"；"方法与技能"中介绍的是"努力有哪些方法"。因此这部分的三级关键词共有6个，分别是"梦想的价值和意义""怎样树立少年梦想""对待梦想的态度""实现梦想的方法""如何正确对待努力"和"努力有哪些方法"。

根据上面找到的中心词、一级关键词、二级关键词、三级关键词及其对应的课本内容，本课绘制的思维导图如图5-4所示。

道德与法治科目中的知识点大部分都是以简答题的形式呈现，问题的答案都是由几个句子组成的。对于简答题的记忆，我们首先从每一个句子中挑选出来一个关键词，这个关键词对于我们来说应该是最能代表这个句子的，或者说是最容易回忆起这个句子的；然后再从这些关键词中各挑选一个字组成一字法组合；最后把一字

记忆的本质是线索

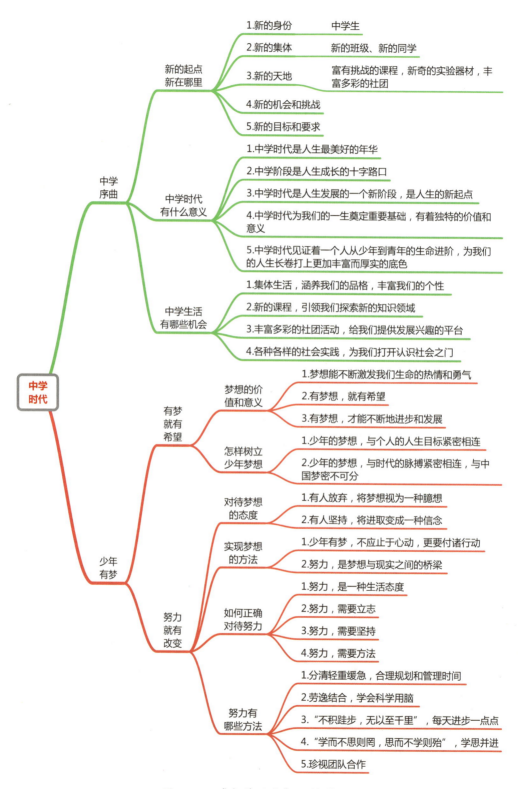

图 5-4 《中学时代》思维导图

法组合与问题之间利用一对法相连接，也是一字法和一对法的搭配使用。整体思路就是从"句子"到"词语"，再从"词语"到"字"的逐级提炼。记完回忆时，先由一字法组合的每个"字"想到关键词的"词语"，再由"词语"想到整个"句子"，也就是"字—词—句"的回忆链条。对于答案中只含有两个句子的问答题，因为只有两个关键词，信息点太少，没有必要使用一字法，可以使用线索法把这两个关键词连同问题一块连接在一起。

根据课本内容、思维导图和上一段介绍的记忆方法，以及之前介绍的线索转化方法和线索连接方法，《中学时代》这一课需要记忆的知识点及其线索记忆的加工方法如下。

◎ **新的起点新在哪里？**

①新的身份：中学生。

②新的集体：新的班级、新的同学。

③新的天地：富有挑战的课程，新奇的实验器材，丰富多彩的社团。

④新的机会和挑战。

⑤新的目标和要求。

关键词：身份、集体、天地、机会、目标

一字法：天身集会目标（天神集会目标）

一对法：这次众天神集会的目标是要规划新的起点吗？

◎ **中学时代有什么意义？**

①中学时代是人生最美好的年华。

②中学阶段是人生成长的十字路口。

③中学时代是人生发展的一个新阶段，是人生的新起点。

④中学时代为我们的一生奠定重要基础，有着独特的价值和意义。

⑤中学时代见证着一个人从少年到青年的生命进阶，为我们的人生长卷打上更加丰富而厚实的底色。

关键词：美好年华、十字路口、新阶段、奠定、生命进阶

一字法：美十奠新（美食点心）、生命进阶

一对法：中学时代不是吃吃美食点心就可以轻松地完成生命进阶的。

记忆的本质是线索

◎**中学生活有哪些机会？**

①集体生活，涵养我们的品格，丰富我们的个性。

②新的课程，引领我们探索新的知识领域。

③丰富多彩的社团活动，给我们提供发展兴趣的平台。

④各种各样的社会实践，为我们打开认识社会之门。

关键词：集体、课程、社团、实践

一字法：课集社实（科技设施）

一对法：中学生能去参观一些前沿的科技设施会是一次非常好的学习机会。

◎**梦想的价值和意义：**

①梦想能不断激发我们生命的热情和勇气。

②有梦想，就有希望。

③有梦想，才能不断地进步和发展。

关键词：热情、希望、进步

一字法：步望热情（不忘热情）

一对法：激励你不忘当初的热情也是梦想的价值之一。

◎**怎样树立少年梦想？**

①少年的梦想，与个人的人生目标紧密相连。

②少年的梦想，与时代的脉搏紧密相连，与中国梦密不可分。

关键词：人生目标、时代的脉搏

线索法：少年树立的人生目标和梦想要符合时代的脉搏。

◎**对待梦想的态度。**

①有人放弃，将梦想视为一种臆想。

②有人坚持，将进取变成一种信念。

关键词：放弃臆想、坚持信念

线索法：放弃臆想并坚持信念才是对待梦想的正确态度。

◎**实现梦想的方法。**

①少年有梦，不应止于心动，更要付诸行动。

②努力，是梦想与现实之间的桥梁。

关键词：付诸行动、努力

线索法：只有努力地付诸行动才能实现梦想。

◎ 如何正确对待努力？

①努力，是一种生活态度。

②努力，需要立志。

③努力，需要坚持。

④努力，需要方法。

关键词：态度、立志、坚持、方法

一字法：立态坚方（李太建房）

一对法：李太努力工作的目标是想建一栋属于自己的房子。

◎ 努力有哪些方法？

①分清轻重缓急，合理规划和管理时间。

②劳逸结合，学会科学用脑。

③每天进步一点点。

④学思并进。

⑤珍视团队合作。

关键词：时间、用脑、进步、学思并进、团队

一字法：脑步时学（脑部失血）、团队

一对法：那个团队一直在努力研究治疗脑部失血的方法。

2. 八年级道德与法治知识点的梳理和记忆实例

部编版《道德与法治》八年级上册第一课为《丰富的社会生活》，可把这个标题作为中心词。本节课由两个部分组成，分别为"我与社会"和"在社会中成长"，它们可以作为一级关键词。

细读"我与社会"这一部分，主要介绍的是"个人与社会的关系"，可以把这个信息点作为二级关键词；"相关链接"中介绍的是几种主要的社会关系，二级关

记忆的本质是线索

键词可以提取为"社会关系的分类"。因此这部分的二级关键词共有 2 个,分别是"个人与社会的关系"和"社会关系的分类"。

细读"在社会中成长"这一部分,"在社会课堂中成长"这一个栏目主要介绍的是"社会对个人成长的作用",可以把这个信息点作为二级关键词;"养成亲社会行为"这个栏目中,第一段和第三段介绍的是"青少年为什么要养成亲社会行为",第二段介绍的是"青少年如何养成亲社会行为",可以把这两个信息点作为二级关键词。因此这部分的二级关键词共有 3 个,分别是"社会对个人成长的作用""青少年为什么要养成亲社会行为"和"青少年如何养成亲社会行为"。

根据上面找到的中心词、一级关键词、二级关键词及其对应的课本内容,本课绘制的思维导图如图 5-5。

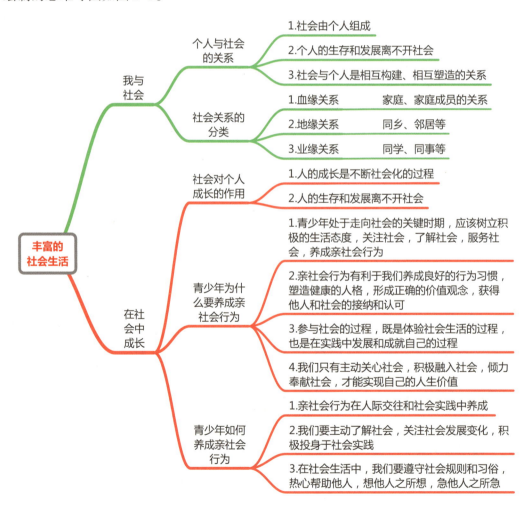

图 5-5 《丰富的社会生活》思维导图

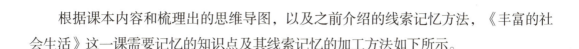
史道地生知识点的记忆方法

根据课本内容和梳理出的思维导图,以及之前介绍的线索记忆方法,《丰富的社会生活》这一课需要记忆的知识点及其线索记忆的加工方法如下所示。

◎社会关系分类:
①血缘关系:家庭、家庭成员关系。
②地缘关系:同乡、邻居等。
③业缘关系:同学、同事等。
一字法:地血业(滴血液)
一对法:可以通过滴血液这种方式来对社会关系进行分类吗?

◎社会对个人成长的作用:
①人的成长是不断社会化的过程。
②人的生存和发展离不开社会。
关键词:社会化、离不开
线索法:人的生存和发展离不开社会化的过程,这是社会对个人成长的作用之一。

◎青少年为什么要养成亲社会行为?
①青少年处于走向社会的关键时期,应该树立积极的生活态度,关注社会,了解社会,服务社会,养成亲社会行为。
②亲社会行为有利于我们养成良好的行为习惯,塑造健康的人格,形成正确的价值观念,获得他人和社会的接纳和认可。
③参与社会的过程,既是体验社会生活的过程,也是在实践中发展和成就自己的过程。
④我们只有主动关心社会,积极融入社会,倾力奉献社会,才能实现自己的人生价值。
关键词:关键时期、行为习惯、体验社会、人生价值
一字法:键惯体值(监管体制)
一对法:社会是否需要一种监管体制来帮助青少年养成亲社会的行为?

◎青少年如何养成亲社会行为?
①亲社会行为在人际交往和社会实践中养成。

记忆的本质是线索

②我们要主动了解社会，关注社会发展变化，积极投身于社会实践。

③在社会生活中，我们要遵守社会规则和习俗，热心帮助他人，想他人之所想，急他人之所急。

关键词：实践、了解、帮助

一字法：解践帮（借肩膀）

一对法：借助别人的肩膀可以更快地养成亲社会的行为吗？

3. 九年级道德与法治知识点的梳理和记忆实例

部编版《道德与法治》九年级上册第一课为《踏上强国之路》，可把这个标题作为中心词。本节课分为两个部分，标题分别为"坚持改革开放"和"走向共同富裕"，它们可以作为一级关键词。

细读"坚持改革开放"这一部分，"改革开放促发展"栏目中，"我国逐步确立了……"这一段介绍的是"我国社会主义基本经济制度"；"阅读感悟"和接下来一段（"中国人民敢闯敢试……"）介绍的是"改革开放有什么价值"；"中国腾飞谱新篇"栏目介绍的是"中国腾飞的表现"。因此这部分的二级关键词共有3个，分别是"我国社会主义基本经济制度""改革开放有什么价值"和"中国腾飞的表现"。

细读"走向共同富裕"这一部分，"改革进行时"这个栏目介绍的是"为什么说改革只有进行时"；"共享发展成果"这个栏目中，第一段介绍的是"为什么要共享发展成果"，第二段介绍的是"如何共享发展成果"。因此这部分的二级关键词也有三个，分别是"为什么说改革只有进行时""为什么要共享发展成果""如何共享发展成果"。

根据上面找到的中心词、一级关键词、二级关键词及其对应的课本内容，本课绘制的思维导图如图5-6所示。

根据课本内容和思维导图，以及之前介绍的线索记忆方法，《踏上强国之路》这一课需要记忆的知识点及其线索记忆的加工方法如下。

◎ **改革开放有什么价值？**

①坚持改革开放，是我们的强国之路。

②解放和发展社会生产力，是社会主义的本质要求。

③改革开放是决定当代中国命运的关键一招，也是决定实现中华民族伟大复兴的

史道地生知识点的记忆方法

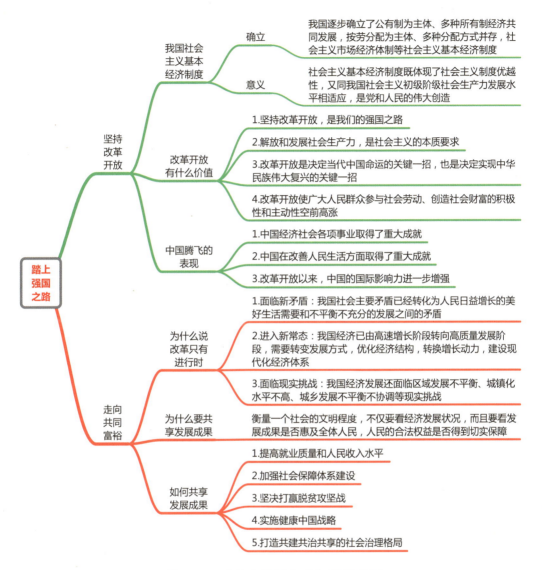

图 5-6 《踏上强国之路》思维导图

关键一招。

④改革开放使广大人民群众参与社会劳动、创造社会财富的积极性和主动性空前高涨。

关键词：强国之路、本质要求、复兴、积极性

一字法：积路本兴（记录本性）

一对法：改革开放以来，我们记录下的资料显示，社会发展过程中人的本性并没有改变。

记忆的本质是线索

◎ **中国腾飞的表现：**

①中国经济社会各项事业取得了重大成就。

②中国在改善人民生活方面取得了重大成就。

③改革开放以来，中国的国际影响力进一步增强。

关键词：各项事业、生活、国际影响力

一字法：各际生活（各级生活）

一对法：各级生活的改善是中国腾飞的表现之一。

◎ **为什么说改革只有进行时？**

①面临新矛盾：我国社会主要矛盾已经转化为人民日益增长的美好生活需要和不平衡不充分的发展之间的矛盾。

②进入新常态：我国经济已由高速增长阶段转向高质量发展阶段，需要转变发展方式，优化经济结构，转换增长动力，建设现代化经济体系。

③面临现实挑战：我国经济发展还面临区域发展不平衡、城镇化水平不高、城乡发展不平衡不协调等现实挑战。

关键词：新矛盾、新常态、现实挑战

一字法：常矛挑战（长矛挑战）

一对法：我们要敢于拿起长矛来挑战改革中存在的问题。

◎ **如何共享发展成果？**

①提高就业质量和人民收入水平。

②加强社会保障体系建设。

③坚决打赢脱贫攻坚战。

④实施健康中国战略。

⑤打造共建共治共享的社会治理格局。

关键词：收入、保障、脱贫、健康、治理

一字法：收治保健品（手执保健品）

一对法：他手执的保健品就是这次要和大家共享的成果。

（三）地理同步知识点的梳理和记忆

1. 七年级地理知识点的梳理和记忆实例

　　初中地理科目目前使用得比较广泛的两个教材版本是人教版和湘教版，这里我们选取了人教版的课文来进行介绍。不同于历史、道德与法治的按课编排，地理科目是按照章节进行编排的，我们首先以人教版《地理》七年级上册第二章《陆地和海洋》第一节《大洲和大洋》为例进行介绍。可以把这一节的标题《大洲和大洋》作为中心词。这一节分为两个部分，第一部分的标题为"地球？水球？"可以把这个标题作为一级关键词。第二部分的标题为"七大洲和四大洋"，它包含两个方面的内容，分别是"七大洲"和"四大洋"，可以把这两个信息点作为一级关键词。因此这一节的一级关键词共有 3 个，分别是"地球？水球？""七大洲""四大洋"。

　　细读"地球？水球？"这一部分，"地球表面 71% 是海洋，而陆地面积仅占 29%"介绍的是地球海陆分布的状况，二级关键词可以提取为"海陆分布"；"陆地主要集中在北半球，但是北极周围却是一片海洋；海洋大多分布在南半球，而南极周围却是一块陆地"介绍的是北半球和南半球的海陆分布情况，二级关键词可以提取为"北半球"和"南半球"。因此这部分的二级关键词共有 3 个，分别是"海陆分布""北半球"和"南半球"。

　　细读"七大洲"这一部分，"全球陆地共分为七个大洲，即亚洲、欧洲、非洲、北美洲、南美洲、大洋洲和南极洲。其中亚洲的面积最大，大洋洲的面积最小"，这部分介绍的是各个大洲的面积大小情况，二级关键词可以提取为"面积大小"；附图中介绍了"半岛"和"海峡"这两个概念，二级关键词可以提取为"概念"；第二段介绍的是东半球各洲的分布情况和分界线，二级关键词可以提取为"东半球"；第三段介绍的是西半球各洲的分布情况和分界线，二级关键词可以提取为"西半球"；第四段介绍的是南极洲的基本情况，二级关键词可以提取为"南极洲"。因此这部分的二级关键词共有 5 个，分别是"面积大小""概念""东半球""西半球""南极洲"。

记忆的本质是线索

细读"四大洋"这一部分,首先介绍了海和洋的概念,二级关键词可以提取为"概念";然后具体介绍了包括哪四个大洋,二级关键词可以提取为"包括"。因此这部分的二级关键词共有 2 个,分别是"概念"和"包括"。

根据上面找到的中心词、一级关键词、二级关键词及其对应的课本内容,本节绘制的思维导图如图 5-7 所示。

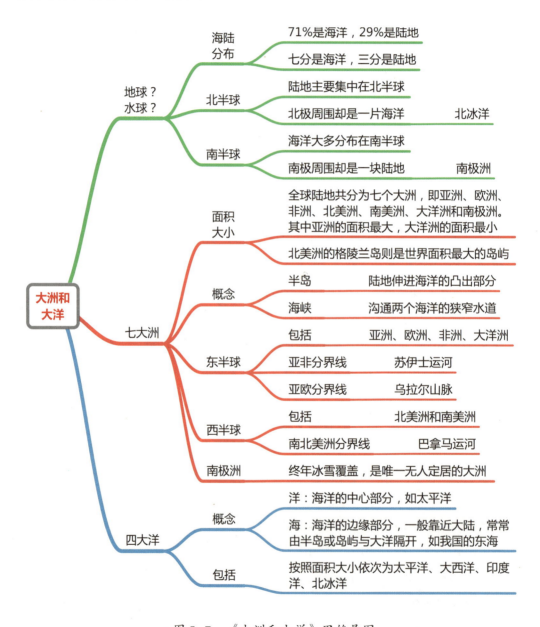

图 5-7 《大洲和大洋》思维导图

史道地生知识点的记忆方法

根据课本内容和梳理出的思维导图，以及之前介绍的线索转化方法和线索连接方法，《大洲和大洋》这一节需要记忆的知识点及其线索记忆的加工方法如下。

◎ **地球海陆分布：71%是海洋，29%是陆地。**
转线索：71（奇异）（同音法）、29（二舅）（同音法）
故事法：陆地上生活的二舅一直向往着奇异的海洋。

◎ **陆地主要集中在北半球，但是北极周围却是一片海洋；海洋大多分布在南半球，而南极周围却是一块陆地。**
一字法：南海北陆（男孩被掳）、北极洋、南极陆（被寄养、难记录）
一对法：男孩被掳走后，被寄养在南北半球的具体什么位置，现在很难查找到记录。

◎ **七大洲：亚洲、欧洲、非洲、北美洲、南美洲、大洋洲、南极洲。**
一字法：南亚北欧大非极（南亚北欧大飞机）
一对法：这架大飞机不仅可以在南亚北欧飞，甚至可以在七大洲之间来回飞。

◎ **世界上面积最大的岛屿：格陵兰岛。**
转线索：格陵兰（蓝领哥）（倒字法）
故事法：世界上面积最大的岛屿上生活着好多蓝领哥。

◎ **亚洲和非洲分界线：苏伊士运河。**
转线索：非亚（肥鸭）（一字法）、苏伊士（苏医师）（同音法）
故事法：苏医师打算骑着运河中的一只肥鸭横跨两洲。

◎ **北美洲和南美洲的分界线：巴拿马运河。**
转线索：巴拿马（把那马）（同音法）
故事法：把那匹马给我，我就可以在美洲南北横行。

◎ **洋是海洋的中心部分，海是海洋的边缘部分。**
一字法：海边洋心（海边养心）
一对法：他去海边养心时，了解了好多关于海洋的知识。

记忆的本质是线索

◎ 四大洋按照面积大小依次为：**太**平洋、**大**西洋、**印**度洋、**北**冰洋。

一字法：太大印北（**太大银杯**）

一对法：他在大海边捡到一个**银杯**，那个银杯的表面积真是**太大**了。

2. 八年级地理知识点的梳理和记忆实例

人教版《地理》八年级上册第二章《中国的自然环境》中第四节的标题为《自然灾害》，可以把这一节的标题作为中心词。这一节共分为三个部分，标题分别是"常见的自然灾害""我国自然灾害频发"和"防灾减灾"，可以把它们作为一级关键词。

细读"常见的自然灾害"这一部分，首先介绍的是气象灾害的种类，二级关键词可以提取为"气象灾害"；其次介绍了地质灾害的种类，二级关键词可以提取为"地质灾害"。因此这部分的二级关键词共有 2 个，分别是"气象灾害"和"地质灾害"。

细读"我国自然灾害频发"这一部分，主要介绍的是我国自然灾害的特点和危害，因此二级关键词可以提取为"特点"和"危害"。

细读"防灾减灾"这部分，主要介绍的是防灾减灾的方法，因此二级关键词可以提取为"方法"。

根据上面找到的中心词、一级关键词、二级关键词及其对应的课本内容，本节绘制的思维导图如图 5-8 所示。

根据课本内容和梳理出的思维导图，以及之前介绍的线索转化方法和线索连接方法，《自然灾害》这一节需要记忆的知识点及其线索记忆的加工方法如下所示。

◎ 我国常见的自然灾害有**气象**灾害和**地质**灾害。

转线索：气象地质（**七项地质**）

故事法：我国有常见的**七项地质**灾害吗？

◎ 气象灾害有**干**旱、**洪**涝、**台**风、**寒**潮。

一字法：干洪台寒（**干红太寒**）

一对法：有些**干红太寒**，不能在有寒潮等气象灾害发生时喝。

◎ 地质灾害有**地**震、**滑**坡、**泥**石流。

一字法：泥地滑

史道地生 史道地生知识点的记忆方法

一对法：地质灾害发生后，那片泥地变得更滑了。

◎ 防灾减灾的方法
①运用遥感卫星技术预报台风、寒潮等。
②修建大量的防灾工程。
③建设一大批救灾物资储备中心。
④当自然灾害发生时，我国政府能及时调动救灾人员。
关键词：卫星、工程、物资、人员
一字法：星程物人（形成五人）
一对法：市里形成了由五人组成的防灾减灾方法制定小组。

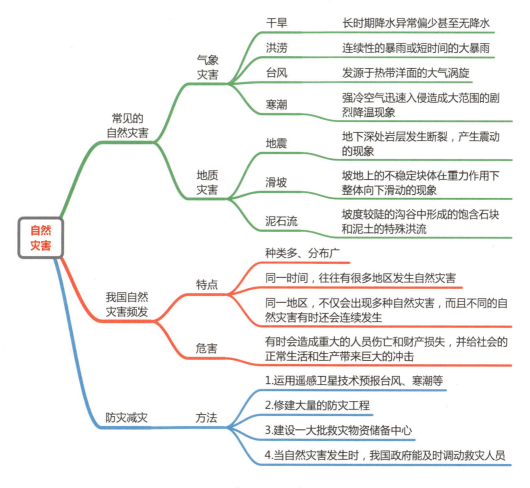

图 5-8 《自然灾害》思维导图

139

记忆的本质是线索

（四）生物同步知识点的梳理和记忆

1. 七年级生物知识点的梳理和记忆实例

初中生物科目记忆方法依据的教材版本是人教版，这是目前使用比较广泛的版本。类似于地理科目的编排方式，生物科目也是按照单元和章节进行编排的，我们首先以七年级上册第二单元《生物体的结构层次》第二章《细胞怎样构成生物体》中的第二节《动物体的结构层次》为例进行介绍。可以把这一节的标题《动物体的结构层次》作为中心词。这一节共分为三个部分，分别为"细胞分化形成不同的组织""组织进一步形成器官"和"器官构成系统和人体"。

第一部分的标题为"细胞分化形成不同的组织"，介绍的是细胞分化和四大组织，一级关键词可以提取 2 个，分别为"细胞分化"和"四大组织"；这一部分三个段落的标题，分层次地介绍了动物体的结构组成，一级关键词可以提取为"动物体的结构层次"。因此这一节的一级关键词共有 3 个，分别是"细胞分化""四大组织""动物体的结构层次"。

细读"细胞分化"这一段，首先介绍了细胞分化的概念，随后介绍了细胞分化的结果和细胞分裂等，因此这一段的二级关键词可以提取出 3 个，分别是细胞分化的"概念""结果""与分裂的区别"。

细读"四大组织"这一段，分别介绍了四大组织的细胞构成和主要功能，因此这一段的二级关键词可以提取出 4 个，分别是"上皮组织""肌肉组织""结缔组织""神经组织"这四大组织的名称。

细读"动物体的结构层次"中的内容，分别介绍了细胞、组织、器官和系统的概念与分类等，因此这一段的二级关键词可以提取出 4 个，分别是"细胞""组织""器官""系统"这四个层次的名称。

根据上面找到的中心词、一级关键词、二级关键词及其对应的课本内容，本节绘制的思维导图如图 5-9 所示。

史道地生知识点的记忆方法

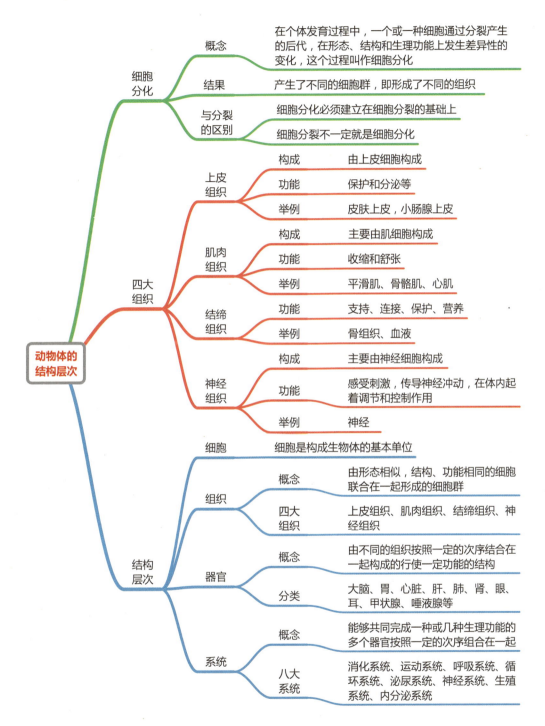

图 5-9 《动物体的结构层次》思维导图

根据课本内容和梳理出的思维导图，以及之前介绍的线索转化方法和线索连接方

记忆的本质是线索

法,《动物体的结构层次》这一节需要记忆的知识点及其线索记忆的加工方法如下所示。

◎ **动物体的结构层次**:细**胞**、组**织**、**器**官、系**统**。

一字法:胞织器统(**报纸气筒**)

一对法:动物可以进化到用**报纸**作为原料来制造**气筒**的层次吗?

◎ **四大组织**:上**皮**组织、肌**肉**组织、**结缔**组织、神**经**组织。

一字法:皮肉结经(**皮肉洁净**)

一对法:表面的**皮肉洁净**才能保证里面的四大组织洁净。

◎ **八大系统**:**消**化系统、**运**动系统、**呼**吸系统、**循**环系统、**泌**尿系统、**神**经系统、**内**分泌系统、**生**殖系统。

一字法:消运循呼(**小云巡护**)、生内神泌(**省内神秘**)

一对法:**小云**一直在医院内很系统地**巡护**着那八位来自**省内**的**神秘**人物。

◎ **结缔**组织的主要功能:**支**持、**连**接、**保**护、**营**养。

转线索:结缔(**姐弟**)(同音法)

一字法:保支连营(**报纸联营**)

一对法:他们**姐弟**俩各自创办的**报纸**最后**联营**了。

2. 八年级生物知识点的梳理和记忆实例

八年级上册第五单元《生物圈中的其他生物》第一章《动物的主要类群》中第一节为《腔肠动物和扁形动物》,可以把这一节的标题作为中心词。这一节分为两个部分,标题分别为"腔肠动物"和"扁形动物",可以把这两个标题作为这一节的一级关键词。

细读"腔肠动物"这一部分,首先介绍了腔肠动物的生活环境和种类,二级关键词可以提取为"生活环境";随后以水螅作为代表来进行介绍,二级关键词可以提取为"水螅"——有关水螅的内容主要介绍了水螅的生活环境、身体结构和生殖方式,这三个信息点可以作为水螅这一分支的三级关键词;然后总结了腔肠动物的主要特征,二级关键词可以提取为"主要特征";最后介绍了海蜇和珊瑚礁在人类

史道地生 史道地生知识点的记忆方法

社会中的用途，二级关键词可以提取为"与人类的关系"。因此这部分的二级关键词共有4个，分别是"生活环境""水螅""主要特征""与人类的关系"。

细读"扁形动物"这一部分，首先以涡虫为代表进行介绍，二级关键词可以提取为"涡虫"——关于涡虫这部分的内容主要介绍了涡虫的生活环境、身体特征和取食方式，这三个信息点可以作为涡虫这一分支的三级关键词；然后介绍了几种扁形动物对人类的影响，二级关键词可以提取为"与人类的关系"；最后总结了扁形动物的主要特征，二级关键词可以提取为"主要特征"。因此这部分的二级关键词共有3个，分别是"涡虫""与人类的关系""主要特征"。

根据上面找到的中心词、一级关键词、二级关键词、三级关键词及其对应的课本内容，本节绘制的思维导图如图5-10所示。

根据课本内容和梳理出的思维导图，以及之前介绍的线索转化方法和线索连接方法，《腔肠动物和扁形动物》这一节需要记忆的知识点及其线索记忆的加工方法如下所示。

◎ 腔肠动物包括水螅、水母、海葵、海蜇、珊瑚虫等。
一字法：螅珊母蜇葵（西山牧者盔）
一对法：那位来自西山的牧者，头盔上爬满了各种腔肠动物。

◎ 腔肠动物的主要特征：身体呈辐射对称；体表有刺细胞；有口无肛门。
一字法：无肛刺辐（吴刚赐福）
一对法：天神吴刚经常给那些腔肠动物们赐福。

◎ 扁形动物包括华枝睾吸虫、血吸虫、绦虫。
一字法：绦华血（桃花雪）
一对法：那片桃花雪下面会有寄生虫吗？

◎ 扁形动物的主要特征：身体呈两侧对称；背腹扁平；有口无肛门。
一字法：扁侧无肛（鞭策吴刚）
一对法：领导通过一把扇子来鞭策吴刚。

记忆的本质是线索

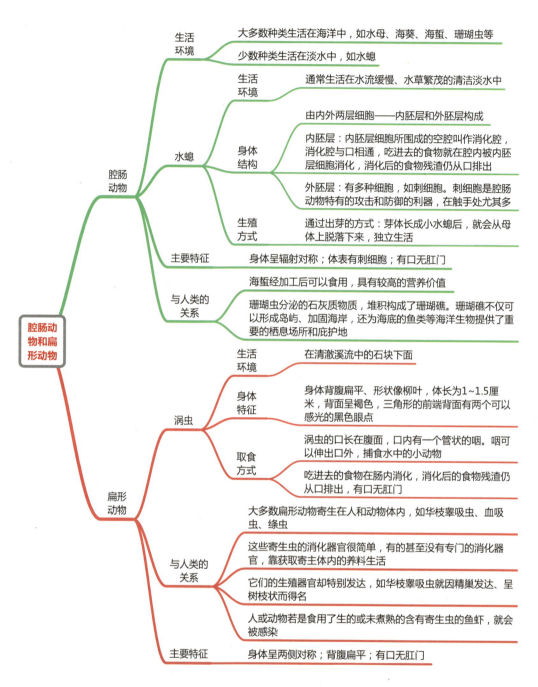

图 5-10 《腔肠动物和扁形动物》思维导图

在配套的同步记忆资料中，我们已经把初中、高中部编版的语文、历史、道德与法治（思想政治）和人教版的地理、生物、化学等科目中的各课、各章节内容和大部分要记忆的知识点都按照上述的方法进行了编排，大家可以作为参考去记忆和学习。

六、单词记忆 6

单词音形义三元素全记牢

DANCI JIYI

DANCI YINXINGYI SANYUANSU QUANJILAO

六 记忆的本质是线索

中文文字的信息类型共有三种，分别是汉字、数字和字母，在其他科目的记忆学习中，我们已经介绍了汉字和数字的记忆方法，这一部分我们将介绍字母类的记忆方法。字母类信息对应的知识点主要是英语单词，我们要介绍的单词记忆方法叫作"三元单词法"。为什么叫这个名字呢？大家回想一下，我们在记忆英语单词的时候，主要是要记住单词的哪些内容呢？是不是要记住单词的读音、拼写和中文意思，也就是单词的音形义这三个元素？三元单词法是可以把这三个元素都记牢的新一代单词记忆方法，所以因此命名。市面上比较流行的单词记忆方法叫作自然拼读法，它是以英语为母语的国家的人们记忆单词的主流方法，这些国家的人是不需要记住单词对应的中文意思的，所以这个方法适用于他们。而对于中国人来说，我们是要记住单词的中文意思的，所以这个方法对于我们来说是有缺陷的，它只能记住单词音形义三个元素中的音和形两个元素，是一种二元的单词记忆方法。

三元单词法主要包含以下内容：

（一）**记忆方法初步体验**：通过一些示例单词初步体验一下三元单词法的应用。

（二）**怎样选择字母组合**：怎样科学合理地选择字母组合是三元单词法的核心原理之一。

（三）**选择哪些字母组合**：通过自然拼读法来选择字母组合，介绍一下最终选择了哪些字母组合。

（四）**字母组合转化编码**：把字母组合转化成编码后作为线索，利用故事法将音形义三元素连接在一起，即编码故事法，这是三元单词法中的核心方法。

（五）**一种辅助记忆方法**：汉语同音法，是完全同音而非近音，这是三元单词法中的一种辅助记忆方法。

（六）**三元单词法综合应用**：通过一些单词来展示一下三元单词法的具体应用。

单词音形义三元素全记牢

（一）记忆方法初步体验

我们首先来看几个单词，初步体验一下这种记忆方法。

butterfly，这个单词的中文意思是"蝴蝶"。我们来仔细观察一下这个单词的拼写，会发现它是由两个我们熟悉的小单词组成的，分别是"butter"和"fly"，butter的中文意思是"黄油"，fly的中文意思是"飞"。对拥有这种特征的单词，我们怎么来进行记忆呢？我们只需把"黄油""飞"和"蝴蝶"这三个信息点连接起来即可，使用的连接方法叫作"一句话故事法"，是故事法的一个变式。通过想象可以连接为"黄油上面飞来了一只蝴蝶"，这样就可以把这个单词的中文意思记住了。同时，因为是将这个单词拆解成了两个我们熟悉的小单词，所以也把这个单词的拼写和读音给记住了。

forget，这个单词的中文意思是"忘记"。通过观察发现，这个单词也是由两个单词组成的，分别是"for"和"get"，对应的中文意思分别是"为了"和"得到"。我们把这两个信息点连同单词的中文意思利用一句话故事法相连，通过想象可以连接为"为了得到新的，首先需要忘记旧的"。这样也就把这个单词的音形义三元素全都记牢了。

同样的原理，下面几个单词的记忆方法也是如此。

◎ **mandate 授权**

小单词：man（男人）、date（约会、日期）

一句话故事法：这个男人出去约会需要得到老婆的授权。

◎ **catcall 嘘声**

小单词：cat（猫）、call（打电话）

一句话故事法：我正在打电话时，一只猫跑了过来，我冲它发出一声嘘声。

◎ **tendance 服侍**

小单词：ten（十个）、dance（跳舞）

一句话故事法：他跳舞前，有十个人服侍他穿衣打扮。

记忆的本质是线索

◎ **invoice** 发票

小单词：in（在……里面）、voice（声音）

一句话故事法：风吹发票会发出声音。

◎ **tenant** 房客

小单词：ten（十个）、ant（蚂蚁）

一句话故事法：房客在房子里发现十只蚂蚁。

以上单词的记忆方法分两步，首先是找出我们熟悉的小单词，然后把这些小单词的中文意思与其对应大单词的中文意思相连。大单词是我们要记忆的知识点，小单词是组成这个知识点的信息点，把信息点连接起来后，也就把知识点给记住了，所以这种方法的本质也是线索记忆。

以上单词的构成方法是"小单词 + 小单词 = 大单词"，这种类型的单词在我们的英语学习中多不多呢？很明显不是很多，是可遇而不可求的。如果遇到有这种特征的单词，我们可以直接用这种方法来快速记忆，但是大多数单词并不是这样的。

我们再来看几个单词：

China，这个单词的中文意思是"中国"。仔细观察一下这个单词的拼写，会发现它是由两个我们熟悉的拼音组成的，分别是"chi（吃）"和"na（拿）"。对拥有这种特征的单词，我们怎么来进行记忆呢？我们只需把"吃""拿"和"中国"这三个信息点相连即可，使用的连接方法也是一句话故事法，通过想象可以连接为"八国联军来到中国，不光吃还要拿"。这样就把这个单词的中文意思记住了。同样的，这个单词被拆解成了两个我们熟悉的拼音，所以这个单词的拼写也记住了。

like，这个单词的中文意思是"喜欢"。通过观察发现，这个单词也可以看作是由两个拼音组成的，但这次是一个完整的汉语词语拼音，"li ke（立刻）"，把这个信息点连同"喜欢"利用一句话故事法相连，通过想象可以连接为"自从学会了三元单词法，我立刻喜欢上了背单词"。同样也把这个单词的拼写和中文意思记牢了。

同样的原理，下面几个单词的记忆方法也是如此。

◎ **chance** 机会

拼音：铲厕

一句话故事法：请给我一个铲厕所的机会。

◎ **guide 导游**

拼音：贵的

一句话故事法：在景区里面请导游是很贵的。

◎ **siren 汽笛**

拼音：死人

一句话故事法：汽笛声吵死人了。

◎ **pale 苍白的**

拼音：怕了

一句话故事法：他的脸色很苍白，应该是怕了。

◎ **banana 香蕉**

拼音：爸拿拿

一句话故事法：爸爸拿了一根香蕉，又拿了一根。

◎ **panda 熊猫**

拼音：盼大

一句话故事法：大家都盼着这只熊猫快快长大。

以上这些单词的记忆方法也分两步，首先是找出我们熟悉的拼音，然后把这些拼音与单词的中文意思相连。这些单词的构成形式是"拼音 + 拼音 = 单词"。这种类型的单词在我们的英语学习中多不多呢？我们做过统计，义务教育英语课程标准中要求掌握的1500个单词里面，共有62个可以用到这种方法；普通高中英语课程标准中要求掌握的3000个单词里面，共有121个可以用到这种方法，占比4%左右，也就是100个单词里面大概有4个可以用到这种方法，同样也不是主流。

我们再来看几个单词：

knight，这个单词的中文意思是"骑士"。我们来仔细观察一下这个单词的拼写，会发现其中有一个我们熟悉的单词"night"，是"晚上"的意思；另外还有一个是字母"k"，k的编码是"机关枪"（编码后面我们会介绍），这样就可以把"night（晚上）""k（机关枪）"和"骑士"这三个信息点相连，利用一句话故事法，通过想象可以连接为"这位骑士喜欢晚上拿着机关枪出去行动"。这样就把这个单词的所有信息点连了起来，也就记住了单词的拼写和意思。

stun，这个单词的中文意思是"使目瞪口呆"。我们仔细观察一下这个单词的拼写，

记忆的本质是线索

会发现其中有一个我们熟悉的拼音"tun"，是"吞"字的汉语拼音；另外还有一个是字母"s"，s的编码是"蛇"，这样就可以把"tun（吞）" "s（蛇）"和"使目瞪口呆"三个信息点相连，利用一句话故事法，通过想象可以连接为"蛇竟然将一整个活人吞了下去，真是使我目瞪口呆"。这样就把所有的信息点连了起来，这个单词也就记住了。

同样的原理，下面几个单词的记忆方法也是如此。

◎ **smother 窒息**

模块：s（编码"蛇"）、mother（单词"妈妈"）

一句话故事法：一条蛇把猴妈妈缠得快要窒息了。

◎ **chess 国际象棋**

模块：che（拼音"车"）、ss（一个s是一条蛇，两个s就是两条蛇。）

一句话故事法：车里的国际象棋上有两条蛇。

◎ **plant 植物**

模块：pl（编码"漂亮"）、ant（单词"蚂蚁"）

一句话故事法：这种漂亮的植物总是招蚂蚁。

◎ **chill 寒冷**

模块：ch（编码"窗户"）、ill（单词"生病"）

一句话故事法：一直站在寒冷的窗户边是很容易生病的。

◎ **freight 货物**

模块：fr（编码"富人"）、eight（单词"八个"）

一句话故事法：那个富人一次性买走了八个箱子的货物。

不同于"小单词＋小单词＝大单词"和"拼音＋拼音＝单词"，上面这些单词的构成是"编码＋小单词＝大单词"或是"编码＋拼音＝单词"，当然更多的是"编码＋编码＝单词"。据我们详细统计，90%以上的单词都是由这种结构构成的，这种构词方法才是主流。

仔细观察以上几种单词的构词方法，会发现小单词和拼音都是我们已经熟悉的知识，只有单词的编码是陌生的，但单词的构成核心正是编码。什么是编码呢？编码就是把一些字母组合（或是字母）通过线索转化的方法固定下来，以备单词记忆时使用。那么究竟要选择哪些字母组合来进行转化呢？换句话说，即怎样来选择字母组合呢？这个问题一直是三元单词法中最基础和最核心的问题，也是我们思考得最多的问题。如果字母组合选择不对，那么后面所有的编码及记忆方法的方向就都是错误的。字母组合的选择是三元单词法的根，根正才能苗红。字母组合不同于数字组合，两位数的数字组合就是00到99共100个，是固定的，而字母组合并不是固定的，有含两个字母的组合，也有含三个甚至四个字母的组合。**选出科学合理的字母组合也是三元单词法与其他利用编码来记忆单词的方法的最大区别**。下一节我们会详细地介绍字母组合的选择方法。

（二）怎样选择字母组合

　　怎样选择字母组合呢？或者说由什么样的字母组合转化成的编码表是一套好的字母编码表呢？我们认为有三个标准，即**拆解科学、数量合理和概率均等**。拆解科学指按照这些字母组合进行单词的拆解是符合单词的构词原理的。数量合理指字母组合的数量不能太多也不能太少，太多，如超过300个，记忆字母组合本身就成了一种负担，大家肯定不乐意；太少，不够拆解使用也不行，所以字母组合的数量要合理。概率均等指每个字母组合在我们记忆初中1500个单词或是高中3000个单词中出现的概率大概是相等的，不能悬殊太大。比如一个字母组合在高中3000个单词中总共出现过100次，另一个字母组合却只出现过10次，这样的概率就是不均等的。

　　字母组合可分为单个字母和字母组合两种类别。单个字母就是只有一个字母。英语单词是由26个单字母组成的，这个数量是固定的，因此不需要选择。那么选择的关键就在于字母组合。字母可以按照什么样的方法进行排列组合呢？

　　第一种字母排列组合的方法就是随机组合法，如果是两个字母的组合，就是把每一个字母分别与全部26个字母进行组合，比如 a 可以组合为 aa、ab、ac，一直到 az，共有26组；b 可以组合为 ba、bb、bc，一直到 bz，也共有26组，等等，这样的字母组合共有 26×26 种，即676种。如果把这676个字母组合都转化成编码来使用，这样的选择科学合理吗？首先一个问题是，数量太多，记忆这些编码本

记忆的本质是线索

身就是一种负担；另一个问题是，每个字母组合出现的概率也不一样。比如 cl 这个字母组合，会出现在 class、clear 和 clean 等单词中，而反过来，lc 这个字母组合，却几乎很少出现在单词里面。如果把 lc 也做成编码固定下来，则几乎是无用的，是在浪费精力。由此看来，随机组合的方法是不合理的，也是不科学的。那么到底该怎样进行字母组合呢？我们可以从另外一个角度来思考这个问题，即单词到底是由什么部件构成的？如果找到这些部件，把它们变成编码，这样的字母组合不就是科学合理的吗？

单词到底是由什么部件构成的呢？我们可以做个类比，汉字是我们非常熟悉的信息类型，就以汉字作为类比。大家都知道，汉字是表意文字，看到一个汉字大概就知道它所表达的意思。比如偏旁为"钅"的汉字基本上都是跟金属有关的，如铜、铁、钢、钉、镜等；偏旁为"艹"的汉字基本上都是跟草有关的，如花、苗、荷、莲、药等；偏旁为"女"的汉字基本上都是跟女性有关的，如妈、姐、姑、奶、姨等。

汉字是由什么部件构成的呢？我们都知道，汉字的最小构成单位是笔画。汉字是表意文字，那么作为表意的最小组成单位是什么呢？或者说我们是因为看到了汉字的哪些组成部件才知道它所表达的大概意思的呢？在前面的例子中，我们是因为看到了"钅""艹"和"女"这些部件才知道对应汉字的大概意思，而这些部件就是汉字的"偏旁部首"。同样我们跟别人描述一个汉字的时候，通常会说是"文刀刘""言午许"或是"弓长张"，而不会说是"一点、一横、一撇、一捺、一竖、一竖钩的刘"。由此可见，汉字的表意部件是偏旁部首。

英语单词是什么文字呢？在有了一定词汇量基础的情况下，当我们看到一个新的英语单词时，我们大概会知道它所表达的"读音"，所以英语单词是表音文字。这是单词跟汉字的最大区别。

汉字的最小构成单位是笔画，作为类比，单词的最小组成单位是字母，所有的英语单词都是由 26 个字母组成的。汉字是表意文字，它的表意部件是偏旁部首；单词是表音文字，那么它的表音部件是什么呢？或者说我们是因为看到了单词的哪些组成部件才知道它所表达的大概读音的呢？是不是构成单词的"音节"？单词的 26 个字母类似于汉字笔画，单词的"音节"就类似于汉字的"偏旁部首"。知道这个音节在其他单词里的发音，在遇到新的单词时，你就知道它大概也是发这个音，所以才能把这个新的单词给读出来，以下几个单词中的元音和辅音音节就是这样。

单词是表音文字

ea   dead   head   bread   oa   boat   coat   road

cl   clear   class   clean   sm   small   smart   smoke

回到前面一个问题，字母可以按照什么样的方法进行排列组合呢？由上可知，单词是表音文字，它的表音部件是音节，所以音节也是字母排列组合的方式之一。**怎样选择字母组合呢？** 就是选择单词中的音节所对应的字母组合。具体操作时，把单词按音节进行拆解，按音节来进行记忆，而不是按字母来进行记忆。每一个音节就是一个信息点，把音节转化成编码后，再与单词的中文意思一起运用一句话故事法相连，这样就能把单词的拼写、读音和中文意思都记住。**把单词按照音节进行拆解，这是符合单词构词原理的方法，也是科学有效的方法。**

知道了怎样选择字母组合，接下来就是明确具体要选择哪些个字母组合，这个问题其实是有现成答案的，我们将在下节来揭晓。

（三）选择哪些字母组合（自然拼读法）

单词要按照音节来进行拆解和记忆，这才是符合单词构词原理的方法。那么，单词要按照怎样的音节进行拆解呢？自然拼读法中就有非常成熟的音节拆解方案。看问题一定要看到问题的本质，就像记忆的本质是线索一样，自然拼读的本质是什么呢？自然拼读的本质是建立了一套字母或是字母组合与其发音之间的对应关系，这个关系有可能是一对一的，也有可能是一对多的。因为看到字母或是字母组合就能知道它所对应的发音，所以自然拼读可以做到"见词能读"，这也是单词是表音文字的一种体现；同样也是因为听到一个读音就能知道它所对应的字母或是字母组合，所以自然拼读也可以做到"听词能写"。自然拼读的"见词能读"和"听词能写"都是其本质的直接体现。

自然拼读中有哪些字母或是字母组合呢？我们用一张思维导图来进行梳理，如图6-1所示。

记忆的本质是线索

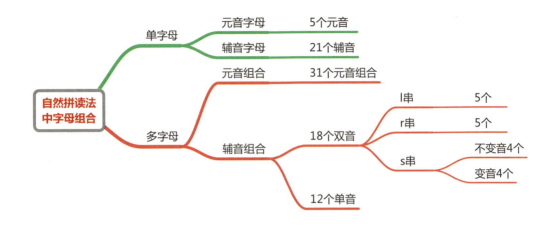

图 6-1　自然拼读法中的字母及字母组合

单字母分为 5 个元音字母和 21 个辅音字母，字母组合分为 31 个元音组合和 30 个辅音组合。接下来就具体介绍一下字母组合与其发音之间的对应关系，也就是自然拼读法的内容。

1. 单字母发音（26 个）

在下面的介绍中会使用汉字来标注字母或是字母组合的发音，这主要是基于以下几个原因：首先，这是使用"以熟记生"的原理，利用汉字这个我们已经熟悉的知识点来标注字母发音这个陌生的知识点，"熟"就是我们记忆和回忆的线索。其次，汉语拼音方案的形成也是借鉴的英语发音方案，两者有许多共同之处，在后面汉语同音法的内容中我们会详细地介绍。最后，因为本书中自然拼读的内容是书写在纸面上的，无法呈现其发音，所以也需要使用汉字来进行标注。单字母发音方法如表 6-1、表 6-2 所示。

（1）元音字母发音（5 个）

表 6-1　5 个元音字母的发音及单词示例

字母	发音	单词示例	字母	元辅 e	单词示例
a	（大）啊	bad/cat/fat	a	a 辅音 e	make/name/save
e	爱	bed/get/let	i	i 辅音 e	wide/like/kite
i	诶 /ei	big/bit/pig	o	o 辅音 e	hope/note/zone
o	奥	dog/lot/not	u	u 辅音 e	use/cute/tube
u	（小）啊	bus/cut/mum	an 安 /en 爱 /in 音 /on 昂 /un 昂		

"元辅 e"是三个字母的组合，第一个是元音字母，第二个是辅音字母，第三个是字母 e，如 ake 中，a 是元音，k 是辅音，第三个字母是 e。它的发音规则是前两个字母中的元音和辅音都发自己的字母音，也就是这个字母读什么音就发什么音，而最后一个字母 e 则不发音，如 ote 发音为"欧特"，use 发音为"油丝"，等等。

（2）辅音字母发音（21 个）

表 6-2　21 个辅音字母的发音及单词示例

字母	单词示例	字母	单词示例	字母	单词示例
b—玻	bee/bear/ball	l—勒	leg/lake/lion	q—阔	queen/quick/quiet
p—坡	pen/pig/peach	g—哥	gun/goat/glass	c—科	cat/can/camera
m—摸	man/map/mouse	k—科	key/king/kite	x—科思	six/box/fox
f—佛	fan/fox/fish	h—喝	hit/hand/horse	r—弱	red/run/rabbit
d—得	dog/door/dance	s—思	sun/six/snake	j—智	job/just/juice
t—特	take/taxi/tiger	y—衣	yes/you/year	z—z	zoo/zero/zebra
n—讷	net/nose/nine	w—乌	way/wing/wolf	v—v	vest/video/love

左列和中列的 14 个字母与汉语拼音方案中对应的字母发音方式基本相同，右列的 7 个字母与汉语发音则有所不同。

2. 辅音组合发音（30 个）

自然拼读中的辅音字母组合共有 30 个，分为 18 个双音和 12 个单音。双音是对应两个汉字的发音，单音是对应一个汉字的发音。

双音比较简单，就是两个辅音字母发音的叠加，如 bl 中，b 发"玻"音，l 发"勒"音，bl 这个辅音组合就发"玻勒"音。18 个双音的辅音组合分为 l 串、r 串和 s 串三种。l 串是辅音组合中都带字母 l 的，共有 5 个，分别是 bl、cl、fl、gl 和 pl。r 串是辅音组合中都带字母 r 的，也有 5 个，分别是 br、cr、fr、gr 和 pr。s 串就是辅音组合中都带字母 s 的，共有 8 个，这 8 个分为两组：第一组是不变音的，就是这个辅音组合的发音跟两个组成字母的发音是一模一样的，共有 4 个，分别是 sl、sm、sn 和 sw；第二组是变音的，就是这个辅音组合中第二个字母的发音由清辅音变成了其

记忆的本质是线索

对应的浊辅音，共有 4 个，分别是 sk、sc、sp 和 st。

这 18 个双音辅音组合的发音及单词示例如表 6-3 所示。

表 6-3　18 个双音辅音组合的发音及单词示例

l 串	发音	单词示例	r 串	发音	单词示例
bl	玻勒	blue/blew/black	br	玻弱	bring/brown/brother
cl	科勒	clear/class/clean	cr	科弱	cry/cream/create
fl	佛勒	fly/flag/floor	fr	佛弱	free/fruit/friend
gl	哥勒	glad/glue/glass	gr	哥弱	grey/grass/great
pl	坡勒	plan/play/plant	pr	坡弱	price/print/present
s 串	发音	示例单词	s 变音	发音	示例单词
sl	思勒	slip/sleep/slant	sk—g	思哥	sky/skin/skate
sm	思摸	small/smart/smoke	sc—g	思哥	scan/scare/scarf
sn	思讷	snap/snake/sneak	sp—b	思玻	spare/spring/spread
sw	思乌	swim/swing/swear	st—d	思得	stay/still/stand

发单音的辅音字母组合共有 12 个，其中 7 个是含有字母 h 的，我们叫它 h 串，分别是 ch、tch、sh、wh、gh、ph 和 th。其他 5 个辅音字母组合是不属于任何串的，我们把它们列为特殊情况，分别是 ck、dr、tr、ge 和 dge。这 12 个单音辅音组合的发音及单词示例如表 6-4 所示。

表 6-4　12 个单音辅音组合的发音及单词示例

h 串	发音	单词示例	组合	发音	单词示例
ch	吃	much/such/lunch			特殊情况 5 个
tch		catch/match/patch			
sh	师	show/shop/shout			
wh	乌	when/where/white	ck	科	luck/neck/black
gh	夫	cough/laugh/enough	dr	桌	dream/drum/drive
ph		phone/photo/phrase	tr	戳	tree/trip/treat
th	思	thing/thank/think	ge	知	age/page/large
	Z	the/than/there	dge		edge/judge/bridge

3. 元音组合发音（31个）

31个元音组合发音方法如表6-5所示。

表6-5　31个元音组合的发音及单词示例

组合	发音	单词示例	r串	发音	单词示例
oi	奥诶	oil/join/point	ar	啊	car/arm/park
oy		boy/joy/toy	er		her/term/mother
ey	a字母音 爱诶	hey/they/grey	ir	鹅	sir/girl/bird
ay		day/say/play	ur		burn/turn/nurse
ai		fail/rain/wait	air		air/hair/chair
ee	e字母音 衣	bee/keep/need	are	爱鹅	care/dare/share
ea		eat/each/seat	ear		bear/pear/wear
ie		piece/thief/believe	ear	衣鹅	dear/fear/hear
ie	i字母音	die/lie/pie	eer		beer/deer/cheer
oa	o字母音 欧	oaf/boat/road	or		corn/born/pork
ow		own/slow/snow	oor		door/indoor/floor
ue	u字母音 油	cue/value/rescue	oar	奥	oar/board/aboard
ew		few/new/nephew	our		four/pour/your
ue	乌	blue/clue/true	ore		more/store/before
ew		blew/flew/threw	al		ball/walk/chalk
oo		too/food/noon	au		cause/pause/sauce
ui		suit/fruit/juice	aw		law/paw/draw
ou	阿乌	out/house/mouse	ue-油/乌　ie-衣/i字母音　ea-衣/爱			
ow		cow/how/now	ew-油/乌　ow-欧/阿乌　ear-衣鹅/爱鹅			
ea	爱	dead/head/bread					

i被称为"害羞的i"，每当i需要做单词的最后一个字母时，它都会因为害羞而变为字母y。i和y就像一对双胞胎一样，它们的发音基本一样，只是出现的位置不一样，i出现在单词的中间，而y则出现在单词的尾部，所以前两个字母组合oi和oy的发音是一样的，接下来的两个字母组合ey和ay的发音也和ai的发音是一样的。在这31个元音组合中，有6个是有两个发音的，分别是ue、ew、ie、ow、ea和ear，我们把它们标注在了表格的右下角。

记忆的本质是线索

4. 自然拼读的局限性

事物都有两面性，自然拼读也不例外。自然拼读的局限性，主要表现在两个方面。

首先，自然拼读的本质是建立了一套字母或是字母组合与其发音之间的对应关系，可以做到"见词能读"或是"听词能写"，但是这种对应关系并不是一一对应的。一个字母组合有可能有几个发音，如前文所说的 ue、ew、ie、ow、ea 和 ear 这 6 个元音组合都有两个发音；同样，一个发音有可能对应着几个字母组合，如"奥"这个发音对应的字母组合就有 or、oor、oar、our、ore、al、au 和 aw 等，"夫"这个发音对应的辅音字母组合就有 gh 和 ph 等。由于不是一一对应的关系，所以"见词能读"时可能会有几个读音，"听词能写"时也可能会有几种拼写。自然拼读只适用于百分之六七十的单词，并不适用于所有的单词。

其次，自然拼读，从字面意思上也可以看出，它可以记住单词的"拼"和"读"，也就是拼写和读音，但是无法记住单词的中文意思。自然拼读是适用于以英语为母语的国家的人记忆单词的，因为他们不是中国人，所以不需要记住单词的中文意思。自然拼读可以记住单词三元素中的两个元素，即音形义三元素中的音和形两个元素，无法记住单词的"义"这个元素，所以是三元缺一的。

怎样克服自然拼读不是一一对应的关系和三元缺一这两个局限性呢？它需要和另外一种方法搭配使用。这就是接下来要介绍的编码故事法。

（四）字母组合转化编码（编码故事法）

编码故事法是把自然拼读中的元音组合和辅音组合先转化成编码，然后把单词按照这些编码进行拆解，最后把编码和单词的中文意思相连接，编成一个一句话的小故事。这样就能把单词的拼写和意思都记住，也就解决了自然拼读中没法记住单词中文意思的问题。同时，因为字母组合与其编码之间是一一对应的关系，所以也就解决了自然拼读中无法做到一一对应的问题。

为什么需要把字母转化成汉字编码呢？因为字母和汉字是两种不同的信息类型，也是两种不同的语言体系，它们所表达的意思是无法呈现在同一种语言表述中的，而把字母通过编码转化成汉字后,就和单词的中文意思同属汉字,这样就可以同单词的中文意思运用线索记忆相连,也就能把单词的中文意思和拼写都记住。

三元单词法中的字母编码表共分为三个种类,分别是:

第一个是"字母编码表",是把英语的 26 个字母转化成编码。

第二个是"拼读编码表",是把自然拼读中的元音组合和辅音组合转化成编码,这些编码在单词中是出现频率最高的,也是三元单词法的核心编码。除去本身就是单词(如元音组合中的 air/are/ear)或是拼音(如辅音组合中的 ge)的一些字母组合,拼读编码共有 52 个,其中辅音组合 29 个,元音组合 23 个。

第三个是"熟悉编码表",是把其他一些常用的字母组合,如单词的一些前缀或是后缀等转化成编码,共有 91 个,这些不需要完全记下来,只需要熟悉即可。当然如果你想把它们全都记下来,也没有什么难度,这些字母在转化的过程中本身就是自带线索的。

1. 字母编码表(26 个单字母)

将 26 个单字母转化成编码的方法主要有三种:一种是取单词的首字母,如 a 是单词 ant 的首字母,所以把字母 a 编码为"蚂蚁";一种是象形,如 o 的形状像足球,所以把字母 o 编码为"足球";一种是取汉字的拼音首字母,如 n 是"牛"字的拼音首字母,所以把字母 n 编码为"牛"。根据这三种方法,26 个单字母的对应编码分别如表 6–6 所示。

表 6–6 26 个单字母编码表

字母	编码	转化方法	字母	编码	转化方法
a	蚂蚁	单词 ant 的首字母	n	牛	"牛"字的拼音首字母
b	熊	单词 bear 的首字母	o	足球	o 的形状像足球
c	猫	单词 cat 的首字母	p	猪	单词 pig 的首字母
d	狗	单词 dog 的首字母	q	气球	q 的形状像气球
e	鹅	"鹅"字的拼音	r	兔子	单词 rabbit 的首字母
f	狐狸	单词 fox 的首字母	s	蛇	s 的形状像蛇

记忆的本质是线索

续表

字母	编码	转化方法	字母	编码	转化方法
g	山羊	单词 goat 的首字母	t	老虎	单词 tiger 的首字母
h	马	单词 horse 的首字母	u	水杯	u 的形状像杯子
i	我	单词 i 是"我"的意思	v	漏斗	v 的形状像漏斗
j	鸡	"鸡"字的拼音首字母	w	狼	单词 wolf 的首字母
k	机关枪	k 放倒的形状像机关枪	x	剪刀	x 的形状像剪刀
l	狮子	单词 lion 的首字母	y	弹弓	y 的形状像弹弓
m	老鼠	单词 mouse 的首字母	z	闪电	z 的形状像闪电

2. 拼读编码表（29 个辅音组合）

自然拼读中共有 30 个辅音字母组合，其中 ge 这个组合本身就是一个汉语拼音，不需要进行转化，所以共有 29 个辅音组合需要转化，对应着 29 个编码。

辅音组合转化成编码的方法是取一个名词的拼音首字母，如"菠萝"这个名词的拼音是 bō luó，取拼音首字母分别为 b 和 l，所以把 bl 这个辅音字母组合编码为"菠萝"。同样，tch 的编码为"踢窗户"，也是取这三个汉字的拼音首字母。dge 的编码为"大哥"，是取"大哥"中"大"字的拼音首字母和"哥"字的全拼。根据这个方法，29 个辅音组合对应的编码和单词示例分别如表 6-7 所示。

表 6-7 29 个辅音组合编码表

字母	编码	示例单词	字母	编码	示例单词
bl	菠萝	blue/blew/black	br	病人	bring/brown/brother
cl	窗帘	clear/class/clean	cr	成人	cry/cream/create
fl	风铃	fly/flag/floor	fr	富人	free/fruit/friend
gl	公路	glad/glue/glass	gr	工人	grey/grass/great
pl	漂亮	plan/play/plant	pr	胖人	price/print/present

续表

字母	编码	示例单词	字母	编码	示例单词
sl	森林	slip/sleep/slant	tch	踢窗户	catch/match/patch
sm	沙漠	small/smart/smoke	sh	上海	shop/shout/show
sn	少年	snap/snake/sneak	wh	武汉	when/where/white
sw	丝袜	swim/swing/swear	gh	桂花	cough/laugh/enough
sk	烧烤	sky/skin/skate	ph	屁孩	phone/photo/phrase
sc	蔬菜	scan/scare/scarf	th	土豪	thing/thank/think
sp	薯片	spare/spring/spread	ck	刺客	luck/neck/black
st	神探	stay/still/stand	dr	敌人	dream/drum/drive
h串			tr	兔肉	tree/trip/treat
ch	窗户	much/such/lunch	dge	大哥	edge/judge/bridge

3. 拼读编码表（23个元音组合）

自然拼读中共有31个元音字母组合，去掉其中如 air/are/ear 等本身就是小单词或是拼音的字母组合，还剩23个元音字母组合需要转化成编码。它的转化方法主要包括以下几种：一种是取单词的任意两个字母，如 oi 为单词 oil 的前两个字母，所以 oi 编码为"石油"；一种是取名词的拼音首字母，如 ey 是"鳄鱼"的拼音首字母，所以 ey 编码为"鳄鱼"；还可以根据象形、拼音、意义和同音法等。根据以上方法，23个元音组合对应的编码和单词示例分别如表6-8所示。

表6-8　23个元音组合编码表

字母	编码	转化方法	示例单词
oi	石油	单词 oil 的前两个字母	oil/join/point
oy	男孩	单词 boy 的后两个字母	boy/toy/enjoy
ey	鳄鱼	"鳄鱼"的拼音首字母	hey/they/grey

记忆的本质是线索

续表

ay	阿姨	"阿姨"的拼音首字母	day/say/play
ee	眼睛	ee 的形状像两只眼睛	bee/keep/need
ea	吃	单词 eat 的前两个字母	each/seat/head
ie	浏览器	ie 是电脑网页浏览器的一种	die/lie/piece
oa	呆子	单词 oaf 的前两个字母	oaf/boat/road
ow	拥有	单词 own 的前两个字母	how/now/snow
ue	有意	ue 的同音是"有意"	cue/blue/clue
ew	俄文	"俄文"的拼音首字母	few/new/blew
oo	眼镜	oo 的形状像眼镜	too/food/noon
ui	贵	ui 是贵字拼音的后两个字母	fruit/suit/guide
ar	爱人	"爱人"的拼音首字母	arm/car/park
ir	矮人	i 的近音为矮,r 为人的拼音首字母,ir 的编码为矮人	sir/girl/bird
ur	幼儿	ur 的近音是"幼儿"	burn/turn/nurse
er	儿子	儿的拼音是"er"	her/father/mother
eer	胖儿子	一个 e 的 er 是儿子,两个 e 的 er 就是胖儿子	beer/deer/cheer
or	猿人	o 是圆形的,r 是人的拼音首字母,所有 or 编码是猿人	corn/born/pork
oor	胖猿人	一个 o 的 or 是猿人,两个 o 的 oor 就是胖猿人	door/indoor/floor
al	全都	单词 all 的前两个字母	ball/walk/chalk
au	遨游	au 的近音为"遨游"	cause/pause/sauce
aw	法律	单词 law 的后两个字母	law/paw/draw

4. 熟悉编码表（91 个字母组合）

熟悉编码表的转化方法与前面元音组合和辅音组合的转化方法基本一致，具体的字母组合及其对应编码如表 6-9 所示。

表 6-9 熟悉编码表

字母	编码	转化方法	字母	编码	转化方法
A			ep	硬盘	拼音首字母
ab	阿爸	拼音首字母	ere	跑步	ere 的同音为 121，是跑步的口号
af	非洲	Africa 单词前两个字母	es	饿死	拼音首字母
ap	阿婆	拼音首字母	est	二十天	拼音首字母
B			et	额头	拼音首字母
be	白鹅	拼音首字母	ex	儿媳	拼音首字母
ble	病了	拼音首字母和全拼	F		
bo	60	bo 的形状像 60	fe	飞蛾	拼音首字母
by	暴雨	拼音首字母	fi	飞	拼音的近音法
C			fri	反日	拼音首字母和全拼
co	可乐	cola 单词前两个字母	ft	斧头	拼音首字母
com	过来	come 单词前三个字母	ful	俘虏	拼音全拼和首字母
con	虫	拼音的近音法	G		
ct	餐厅	拼音首字母	ger	个人	拼音全拼和首字母
dis	的士	拼音全拼和首字母	ght	桂花糖	拼音首字母
E			gue	故意	拼音全拼和同音
ed	鹅蛋	拼音首字母	gy	观音	拼音首字母
el	恶狼	拼音首字母	ho	猴	拼音的同音法
em	恶魔	拼音首字母	I		
en	二牛	拼音首字母	ic	冰	ice 单词前两个字母
ent	进入	enter 单词前三个字母			

记忆的本质是线索

续表

字母	编码	转化方法
id	爱迪生	字母读音的近音法
im	鹦鹉	字母读音的近音法
ing	鹰	发音的同音法
ip	挨批	字母读音的近音法
iv	四	iv 是罗马数字"四"
ive	夏威夷	近音法
J		
ja	家	拼音的近音法
je	姐	拼音的近音法
jo	舟	拼音的近音法
ki	国王	king 单词前两个字母
L		
ld	绿地	拼音首字母
lish	梨树	拼音全拼和首字母
lk	路口	拼音首字母
ll	筷子	ll 的形状像筷子
lm	蓝莓	拼音首字母
lo	10	lo 的形状像 10
lt	轮胎	拼音首字母
ly	鲤鱼	拼音首字母
M		
mb	面包	拼音首字母
ment	门童	拼音全拼和首字母
mon	魔女	拼音全拼和首字母
N		

字母	编码	转化方法
ne	网	net 单词前两个字母
nd	脑袋	拼音首字母
nt	女童	拼音首字母
ny	奶油	拼音首字母
O		
op	藕片	拼音首字母
ot	呕吐	拼音首字母
P		
pe	胖鹅	拼音首字母
per	胖鹅肉	拼音首字母
pre	胖阿姨	拼音首字母和近音法
pro	皮肉	拼音首字母和近音法
pt	葡萄	拼音首字母
R		
ra	雨	rain 单词前两个字母
ro	肉	拼音的同音法
rt	热汤	拼音首字母
ry	人妖	拼音首字母
S		
sho	手	拼音的同音法
sis	死神	拼音全拼和首字母
so	馊	拼音的同音法
ste	沙特	拼音首字母和全拼
str	受托人	拼音首字母
sub	地铁	subway 前三个字母

续表

字母	编码	转化方法	字母	编码	转化方法
sy	三亚	拼音首字母	um	幽默	字母读音的近音法
T			un	联合国	union 单词前两个字母
te	天鹅	拼音首字母	V		
ter	天鹅肉	拼音首字母	ve	五只鹅	v 是罗马数字"五"，e 编码是鹅，ve 就是五只鹅
tion	婶	发音的同音法			
to	头	拼音的同音法	ver	玩	发音的同音法
ture	车	发音的同音法	vi	六	vi 是罗马数字"六"
tw	跳舞	拼音首字母	W		
ty	太阳	拼音首字母	wi	胜利	win 单词前两个字母
U			wr	伟人	拼音首字母

以上就是三元单词法中的所有编码，共有 26 个单字母编码、52 个拼读编码和 91 个熟悉编码，其中 26 个单字母编码和 52 个拼读编码共 78 个编码是固定的，是需要记下来的；而 91 个熟悉编码是不固定的，你也可以加入自己常用的一些编码，当然在遇到一些陌生的字母组合时也可以现用现编。

数字编码是从 00 到 99 共 100 个，数量是固定的，汉字的转化和数量是不固定的，而字母的编码则是半固定的，这是汉字、数字和字母这三种信息类型在编码数量上的区别。市面上也有一些其他的利用编码来记忆单词的方法，三元单词法与它们的主要区别在于编码的选择方法上。三元单词法首创将单词的音节转化成编码，并按照这些编码来进行单词的拆解，也就等于按照单词的音节来进行拆解。这是符合表音文字构词原理的方法，也是科学有效的方法。而其他方法的编码则采用的是一种比较随意的拆解方式，很多时候都把单词的音节从中间给拆开了，这明显是不科学的拆解方法。

记忆的本质是线索

5. 单词应用实例

自然拼读法能记住单词的拼写和读音，却无法记住单词的中文意思；编码故事法能记住单词的拼写和中文意思，却无法记住单词的读音，把这两种方法结合在一起使用，就可以记住单词的拼写、读音和中文意思这三大元素。而能将自然拼读法和编码故事法两者有机结合在一起使用的方法，就是把自然拼读中的音节转化成编码故事法中的编码，这是两种方法结合的桥梁。

单词的拼写、读音和中文意思哪一个更难记呢？很明显是拼写，因为拼写是由多个字母组成的，信息点最多，所以也最难记。"自然拼读法＋编码故事法"相当于把单词的拼写记了两遍，因此对单词的记忆效率会比单独使用其中一种方法的更高。

下面，我们通过一些单词示例来看看这两种方法的具体应用。

blue（蓝色的）：首先看一下这个单词的读音，blue 可以拆解为 bl+ue 两个音节，bl 是个辅音组合，发音为"玻勒"，ue 是个元音组合，发音为"乌"或是"油"，所以从自然拼读的角度来看，这个单词有两种读音，这也说明了自然拼读的拼和读之间并不是一一对应的关系。在 blue 这个单词中，ue 是发"乌"的音，所以这个单词的整体发音为"不路"，这样通过拆解这个单词的拼写就能读出这个单词的读音，也就是"见词能读"。反过来，因为发音为"不路"，根据这个发音可以知道，肯定有 bl 的字母组合，同时还有"乌"的发音。因为 ue 发"乌"的音，所以这个单词的拼写为"blue"。根据发音也可以知道这个单词的拼写，这就是"听词能写"，这样利用自然拼读就可以记住这个单词的拼写和读音。

怎样记住单词的中文意思呢？需要用到编码故事法。blue 可以拆解为 bl+ue，bl 的编码为"菠萝"，ue 的编码为"有意"，blue 的中文意思为"蓝色的"，将"菠萝""有意"和"蓝色的"这三个信息点通过一句话故事法相连，可以想象为"我有意买了一个蓝色的纸箱来装菠萝"，当看到由 bl（菠萝）和 ue（有意）组成的单词时，通过一句话故事法就可以想到它的中文意思是"蓝色的"。反过来，根据中文意思"蓝色的"，通过一句话故事法可以知道有"菠萝"和"有意"这两个编码，所以单词的拼写是 blue，这样利用编码故事法就可以记住单词的拼写和中文意思。

通过自然拼读法和编码故事法，就可以把 blue 这个单词的读音、拼写和中文意思全都记住，而且拼写还记忆了两遍。

其他示例单词的记忆方法分别如下。

单词记忆 单词音形义三元素全记牢

◎ **clear 清楚的**

模块：cl（窗帘）/ear（耳朵）

一句话故事法：这幅窗帘上的耳朵图案印得很清楚。

◎ **flag 旗帜**

模块：fl（风铃）/ag（阿哥）

一句话故事法：阿哥把风铃系在了那面旗帜下。

◎ **bring 带来**

模块：br（病人）/ing（鹰）

一句话故事法：他给病人带来一只鹰。

◎ **cream 奶油**

模块：cr（成人）/ea（吃）/m（老鼠）

一句话故事法：老鼠偷吃了那个成人的奶油。

◎ **great 很好**

模块：gr（工人）/eat（吃）

一句话故事法：现在工人吃得都很好。

◎ **present 礼物**

模块：pre（胖阿姨）/sent（送）

一句话故事法：给胖阿姨送礼物。

◎ **slip 滑倒**

模块：sl（森林）/ip（挨批）

一句话故事法：我在森林里滑倒了，回家后就挨批了。

◎ **sneak 溜走**

模块：sn（少年）/ea（吃）/k（机关枪）

一句话故事法：少年吃完饭拿着玩具机关枪溜走了。

◎ **skate 溜冰**

模块：sk（烧烤）/ate（吃）

一句话故事法：吃完烧烤去溜冰。

记忆的本质是线索

◎ **spread 展开**

模块：sp（薯片）/read（阅读）

一句话故事法：他吃完薯片后，展开书开始阅读。

◎ **still 仍然**

模块：st（神探）/ill（生病）

一句话故事法：神探生病了仍然在工作。

◎ **phone 电话**

模块：ph（屁孩）/one（一个）

一句话故事法：小屁孩也有一个电话。

◎ **than 比**

模块：th（土豪）/an（一个）

一句话故事法：一个比一个土豪。

◎ **bridge 桥**

模块：br（病人）/i（我）/dge（大哥）

一句话故事法：我大哥从桥上回来时遇到了一个病人。

◎ **grey 灰色的**

模块：gr（工人）/ey（鳄鱼）

一句话故事法：工人养的鳄鱼都是灰色的。

◎ **father 爸爸**

模块：fa（发）/th（土豪）/er（儿子）

一句话故事法：如果爸爸发财了，我就是土豪的儿子了。

以上就是自然拼读法和编码故事法在单词记忆上的具体应用，两种方法通过将音节转化成编码有机地结合在一起，可以迅速地记住单词的音形义三个元素。因为编码和字母组合是一一对应的关系，所以编码故事法可以解决自然拼读法中无法做到的一一对应的问题，同时通过一句话故事法也解决了自然拼读法中无法记住单词中文意思的问题。

（五）一种辅助记忆方法（汉语同音法）

汉语同音法首先是根据单词读音对应的汉语同音把单词转化成一个汉字词语，然后再把这个汉字词语同单词的中文意思利用一句话故事法相连。这样就既可以记住单词的读音，又可以记住单词的中文意思。我们先通过几个单词示例来体验一下这种记忆方法，然后再介绍这种方法的依据、价值和利弊等。

supper（晚饭）：supper 这六个字母是字母类信息，它对应的中文意思"晚饭"是汉字类信息，字母和汉字是两种不同的语言符号信息类型，不同的信息类型是没法通过各自所表达的意思连接在一起的，所以也就无法建立这两种信息类型之间的线索，我们之前介绍的所有线索连接的方法都是基于汉字的。以前如果大家想要记住 supper 是"晚饭"的意思，只能使用重复记忆，不断地重复说"supper 晚饭""supper 晚饭"。

字母和汉字需要转化为同一种信息类型，才可以建立它们之间的线索，因此需要先把字母转化为汉字。之前介绍的编码故事法是一种把字母转化成汉字的方法，需要把单词拆解成编码后再进行连接，汉语同音法则是一种整体的转化方法。根据 supper 这个单词的读音，把单词转化为它所对应的汉语同音词语，比如可以转化为"撒泼"，这样就把字母转化成了汉字，这也是前面介绍的线索转化方法中同音法的一种应用。同音词语"撒泼"和这个单词的中文意思"晚饭"同属汉字，因此可以利用想象将这两个信息点相连，可以想象为"不让他吃晚饭，他就撒泼"。这样一来，看到 supper 首先知道它的汉语同音词语为"撒泼"，根据"撒泼"对应的故事法内容可以回忆起它的中文意思是"晚饭"；反过来，根据故事法的内容可以知道，"晚饭"对应的单词读音为"撒泼"，也就记住了这个单词的读音。这样，通过汉语同音法就可以记住单词的读音和中文意思这两个元素。

teacher（老师）：teacher 的汉语同音词语为"提车"，将它与单词的中文意思"老师"相连接，可以想象为"老师去提车了"，同样通过汉语同音法可以把这个单词的读音和中文意思都记牢。

下面几个单词的记忆方法也是如此。

记忆的本质是线索

◎ **mutton 羊肉**

同音：妈疼

一句话故事法：妈妈一吃羊肉就牙疼。

◎ **sandwich 三明治**

同音：三位吃

一句话故事法：请你们三位吃三明治。

◎ **chocolate 巧克力**

同音：炒可乐特

一句话故事法：巧克力炒可乐，味道很特别。

◎ **doctor 医生**

同音：刀客特

一句话故事法：刀客特别适合当医生吗？

◎ **coach 教练**

同音：口吃

一句话故事法：这个教练有点口吃。

◎ **headache 头疼**

同音：还带课

一句话故事法：老师头疼了还带课，真是敬业。

◎ **sleep 睡觉**

同音：死离谱

一句话故事法：他死得很离谱，说是睡觉睡死的。

以上就是汉语同音法的使用方法，那么这种方法有什么科学依据和深层来源吗？实际上，我们是从汉语拼音方案中得到的启示。

《汉语拼音方案》是1958年才开始正式实施的，在没有汉语拼音方案之前，中国古人是怎样给汉字注音的呢？古人给汉字注音的方法主要有三种，分别是直音法、读若法和反切法。直音法类似于之前介绍的线索转化方法中的同音法，当遇到一个陌生汉字的时候，可以找一个你熟悉的且跟它读音相同的汉字来给它注音。比如粗犷中的"犷"字，如果你是第一次接触这个汉字，就可以用一个你熟悉的汉字来给它注音，比如"广场"或"广东"中的"广"字。直音法给了我们一些启示，可以用熟悉的汉字给陌生的汉字注音，这也是线索记忆中所使用的"以熟记生"的原理，熟悉的汉字就是我们记忆和回忆的线索。什么是读若法呢？读若法就是读起来相似的意思，如果你找不到一个熟悉的汉字跟陌生汉字的读音是一模一样的，那么就找一个相似的，类似于我们线索转化中的近音法。什么是反切法呢？反切法就是找一个两个字的词语来给一个陌生汉字注音，陌生汉字的读音就是这个两字词语的前一个字的声母加后一个字的韵母组合而成的读音。直音法、读若法和反切法是古人给汉字注音的三种方法，都是利用自己已经熟悉的知识，这给了我们很多启发。

我们知道，《汉语拼音方案》是用字母来给汉字注音的，为什么恰恰是用字母呢？是因为《汉语拼音方案》主要借鉴的就是拉丁字母的发音方案，也相当于是英语字母的发音方案，所以汉语拼音中的很多发音跟英语字母的发音是一样的，据统计，这个一样的比例在60%左右。意大利传教士利玛窦来中国时，为了学习汉语，采用拉丁字母给汉字注音，也是采用自己熟悉的知识来给陌生的汉字进行注音，《汉语拼音方案》就是在此基础上不断完善和发展才最终形成的。**汉语同音法的原理相当于是这种方法的逆向过程，是用我们熟悉的汉字来给陌生的单词注音，即原理是一样的，都是以熟记生。**

有多少单词可以用汉语同音法进行注音呢？如果仅仅是有10%或是20%的比例，那么就没有多大的实用价值。我们在把所有中小学单词利用汉语同音法进行注音后，统计出了如表6-10所示的适用比例。

表6-10 汉语同音法转化单词适用比例

教材版本	单词总数	拼音数	同音数	比例
人教版小学单词	806	30	426	57%
苏教版小学单词	715	34	448	67%
新概念第一册单词	850	27	473	59%
大纲版初中单词	1500	62	847	61%
人教版初中单词	1946	79	996	55%
苏教版初中单词	1869	58	920	52%

记忆的本质是线索

用汉语同音法转化单词，最终得到的适用比例在 60% 左右，几乎与自然拼读法的适用比例相同，这是个相当高的比例，完全具备了实用价值。

应用汉语同音法时需要注意什么呢？最主要的一点就是"不强求"，如果一个单词确实无法找到读音完全相同的汉语词语，那么就不要退而求其次，不要找读音只是相似的汉语词语，也就是大家所说的谐音法。前面说过，汉语同音法只有 60% 左右的适用比例，并不是百分之百适用的。

汉语同音法的最大价值是什么呢？如前所述，汉语同音法的最大价值是把字母转化成了汉字，这样就把单词的字母和单词的中文意思转化成了同一种语言体系，就可以在它们之间建立线索，既可以记住单词的读音，也可以记住单词的中文意思。

汉语同音法有什么弊端呢？汉语同音法的最大弊端不是在于这种方法的效果方面，而是在于成见。成见的来源主要有两个方面：一个方面，有些人认为这种方法过于简单甚至低级，殊不知《汉语拼音方案》也是基于这种方法的逆向思维而发展起来的，只要是能达到让人记住的效果，方法简单不是更好吗？另一个方面，有人认为利用近音法会影响到单词的正确发音。这个问题需要辩证地看待，首先，人类的大脑有一个特点，就是能清楚地分清主要和辅助的关系，能分清哪个是单词的正确发音，哪个只是有点像的辅助发音，并不会出现影响单词正确发音的现象，故这种认识只是部分人的主观推测，并无事实现象做支撑，更无科学依据。其次，我们应用的是同音法，而不是近音法，同音法强调的是一模一样，而近音法只是相似。同音法不光不会影响到单词的正确发音，而且还会反过来辅助你记住这个单词的正确发音。同音法的适用比例在 60% 左右，这个是指完全同音的；如果再加上近音法的话，适用的比例肯定会更高。但是为了避开人们对近音法心存已久的成见，也可以说是为了不使同音法受近音法的一点点影响和牵连，我们在实际应用中采取了完全禁用近音法的做法。

实践是检验真理的唯一标准，汉语同音法经一些学生试用反馈，记忆单词时，既好玩又快速，好多学生因此对记忆单词产生了浓厚的兴趣。兴趣才是最好的老师，对一样事物产生兴趣远比其他东西更重要，让学生们喜欢上记单词和把单词牢固地记住也远比他人的成见更重要。运用汉语同音法时，放下成见，效果立见。

（六）三元单词法综合应用

三元单词法既能记住单词的音形义这三个元素，同时也是自然拼读法、编码故事法和汉语同音法这三种方法的有机结合，所以被命名为"三元单词法"，见图 6-2。

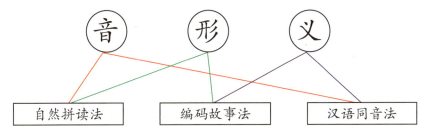

图 6-2　三元单词法

自然拼读法连接和记忆的是单词的音和形，编码故事法连接和记忆的是单词的形和义，汉语同音法连接和记忆的是单词的音和义。这三种方法综合应用，可以把单词的音形义三个元素两两之间互相连接而且都记忆两遍，从而牢固地记住一个单词。

这三种方法怎样综合在一起使用呢？"自然拼读法 + 编码故事法"起主要记忆的作用，是三元单词法中的主体方法；汉语同音法并非百分之百适用，可用即用，不可用也不强求，它是三元单词法中的辅助方法。三元单词法中最核心的方法是编码故事法，能记住单词的拼写和中文意思这两个最主要的元素；编码故事法最核心的要素是编码，也就是从自然拼读中的音节转化而来的编码。

现在结合示例，来看一下这三种方法在单词记忆中的综合应用。

tooth（牙齿）：首先看一下这个单词能不能应用汉语同音法，根据这个单词的读音，我们发现它可以转化成一个汉语词语"吐司"，把这个汉语词语与单词的中文意思运用一句话故事法相连，可以想象为"他的牙齿不能吃吐司面包"，这样就记住了单词的读音和意思，但是没有记住单词的拼写。虽然自然拼读可以做到听词能写，听到"吐丝"这个读音，大体可以拼写出这个单词的拼写，但由于并非是一一对应的关系，所以应用完汉语同音法后，我们还要再应用编码故事法，这是一种可以做到一一对应关系的方法。我们对 tooth 这个单词进行拆解，拆解的方法按照单词的音

记忆的本质是线索

节进行，可以拆解为小单词 too 和辅音字母组合 th 这两个模块，too 的中文意思是"也"，th 的编码是"土豪"，这样我们就可以把"也""土豪"和单词的意思"牙齿"应用一句话故事法相连，可以想象为"那个土豪的牙齿也镶金。"因为字母组合和编码之间是一一对应的关系，所以通过编码可以将单词的字母组成一个不落地拼写出来。

smart（聪明的）：应用汉语同音法，可以同音为"四妈特"，跟单词的中文意思"聪明的"应用一句话故事法相连，可以想象为"四妈特聪明。"将 smart 按照单词的音节进行拆解，可以拆解为辅音字母组合 sm 和小单词 art 两个模块，sm 的编码是"沙漠"，art 的中文意思是"艺术"，这两个模块跟单词的中文意思"聪明的"应用一句话故事法相连，可以想象为"在沙漠中研究艺术是聪明的行为吗？"这样就可以将单词的音形义三个元素全部都记住。

下面一些单词的记忆方法也是如此。

◎ **guess 猜**

同音：该死

一句话故事法：真该死，让我猜来猜去。

编码：gue（故意）/ ss（两条蛇）

一句话故事法：他故意让我在这两条蛇之间猜来猜去。

◎ **mango 芒果**

同音：瞒狗

一句话故事法：我瞒着狗在偷吃芒果。

编码：man（男人）/ go（去）

一句话故事法：那个男人去买芒果了。

◎ **peach 桃子**

同音：皮尺

一句话故事法：他在用皮尺量桃子的大小。

编码：pea（豌豆）/ ch（窗户）

一句话故事法：他在窗户边一边剥豌豆，一边吃桃子。

◎ **tongue 舌头**

同音：烫

一句话故事法：烫着舌头了。

编码：tong（铜）/ ue（有意）

一句话故事法：他有意在舌头上打了个铜环。

◎ **glass 玻璃杯**

同音：哥辣死

一句话故事法：哥用这个玻璃杯喝完水后感觉辣死了。

编码：gl（公路）/ ass（驴）

一句话故事法：公路上有只驴在踢玻璃杯。

◎ **fruit 水果**

同音：腐乳特

一句话故事法：这种腐乳的味道特别像一种水果。

编码：fr（富人）/ ui（贵）/t（老虎）

一句话故事法：富人买很贵的水果给老虎吃。

◎ **match 比赛**

同音：妈吃

一句话故事法：我和妈妈在进行吃饭比赛。

编码：ma（妈）/ tch（踢窗户）

一句话故事法：妈妈们在进行踢窗户比赛。

◎ **cough 咳嗽**

同音：靠夫

一句话故事法：一靠近这位夫人我就咳嗽。

编码：cou（凑）/ gh（桂花）

一句话故事法：我凑近桂花闻了一下，结果一直咳嗽。

◎ **dream 梦**

同音：坠木

一句话故事法：我梦到一根木头坠落下来。

编码：dr（敌人）/ ea（吃）/ m（老鼠）

一句话故事法：敌人做梦也不会想到吃到的竟然是老鼠肉。

◎ **swing 秋千**

同音：斯文

记忆的本质是线索

一句话故事法：荡秋千要斯文点。

编码：sw（丝袜）/ ing（鹰）

一句话故事法：鹰叼走了秋千上的丝袜。

我们已经把小学、初中和高中的必背单词应用三元单词法进行了编排，包括小学的 800 个单词，初中大纲要求的 1500 个单词和高中大纲要求的 3000 个单词。除此之外，这部分单词依据记忆方法的内容在编排方面还有一大特色，就是采用了"分类记忆"的排列方式，而不是传统的以字母为顺序的排列方式。

我们把所有的单词首先按照词性，分成名词、动词、形容词和副词（包含代词、连词、介词等其它词性，因为这些词性的单词数量较少，为了方便使用，统一放在副词的分类中）四大类别，然后再把每一个大的类别细分为小的类别，如名词可细分为个人、家庭、学校、自然和社会五个小类别；然后再对这五个小类别进行细分，如个人可细分为身体部位、服装鞋帽和食品饮料等十个更小的类别。**为什么要按照类别进行排列呢？因为将同类单词放在一起更容易记忆，类别本身也是线索，是一条大的记忆主线，分类记忆本身即符合线索记忆的原理。** 如义务教育英语课程标准中要求记忆的 1500 个单词，如果按照分类记忆的方式进行编排的话，可以分成如下类别[①]，如表 6-11、表 6-12、表 6-13、表 6-14 所示。

表 6-11 名词分类记忆
（5 大类、41 小类、762 个单词）

大类	序号	小类	大类	序号	小类
个人（214 个）	（一）	身体部位（23 个）	个人（214 个）	（九）	疾病治疗（15 个）
	（二）	服装鞋帽（22 个）		（十）	心理情感（16 个）
	（三）	食品饮料（39 个）	学校（113 个）	（一）	课程（14 个）
	（四）	水果蔬菜（14 个）		（二）	文具（19 个）
	（五）	职业职务（35 个）		（三）	校园设施（12 个）
	（六）	人物称呼（28 个）		（四）	体育运动（12 个）
	（七）	交通工具（09 个）		（五）	竞赛奖项（18 个）
	（八）	交通设施（13 个）		（六）	教学术语（38 个）

---

① 此处因有 2 个单词放在了名词里，又放在了动词里，所以实际数据总和为 1502 个。

续表

大类	序号	小类	大类	序号	小类
自然（142个）	（一）	宇宙世界（12个）	家庭（96个）	（四）	家用物品（27个）
	（二）	山河地貌（13个）		（五）	玩具杂物（10个）
	（三）	物质材料（13个）	社会（197个）	（一）	星期月份（20个）
	（四）	颜色形状（18个）		（二）	时间节日（26个）
	（五）	大洋大洲（08个）		（三）	方位位置（16个）
	（六）	国家国籍（20个）		（四）	建筑区划（30个）
	（七）	季节天气（17个）		（五）	文化娱乐（18个）
	（八）	动物王国（24个）		（六）	数量单位（15个）
	（九）	植物世界（07个）		（七）	货币交易（18个）
	（十）	旅游观光（10个）		（八）	选择建议（12个）
家庭（96个）	（一）	家庭成员（24个）		（九）	动作名词（11个）
	（二）	居住设施（17个）		（十）	其他名词（31个）
	（三）	家用电器（18个）			

表6-12 动词分类记忆
（12小类、284个单词）

序号	小类	序号	小类
（一）	感官动词（17个）	（七）	心理动词（34个）
（二）	用嘴动词（19个）	（八）	变化动词（29个）
（三）	姿势动词（15个）	（九）	使令动词（15个）
（四）	位移动词（28个）	（十）	能愿动词（10个）
（五）	消耗动词（14个）	（十一）	自然行为（34个）
（六）	持续动词（13个）	（十二）	社会行为（56个）

记忆的本质是线索

表 6-13 形容词分类记忆
（8 小类、223 个单词）

序号	小类	序号	小类
（一）	天气状况（12 个）	（五）	性格特征（35 个）
（二）	数量形容（09 个）	（六）	人物状态（42 个）
（三）	形状描写（16 个）	（七）	物体特征（72 个）
（四）	心理活动（13 个）	（八）	其他类别（24 个）

表 6-14 代词副词等分类记忆
（6 大类、23 小类、233 个单词）

大类	序号	小类	大类	序号	小类
冠词（03 个）			代词（65 个）	（五）	疑问代词（04 个）
数词（42 个）				（六）	不定代词（28 个）
连词（13 个）	（一）	并列连词（03 个）	副词（67 个）	（一）	时间副词（10 个）
	（二）	因果连词（02 个）		（二）	地点副词（09 个）
	（三）	转折连词（08 个）		（三）	频率副词（13 个）
介词（43 个）	（一）	时间介词（10 个）		（四）	程度副词（08 个）
	（二）	地点介词（24 个）		（五）	疑问副词（04 个）
	（三）	其他介词（09 个）		（六）	连接副词（03 个）
代词（65 个）	（一）	人称代词（12 个）		（七）	句子副词（05 个）
	（二）	物主代词（10 个）		（八）	焦点副词（08 个）
	（三）	反身代词（07 个）		（九）	其他副词（07 个）
	（四）	指示代词（04 个）			

我们摘抄了人和动物的身体部位内容作为示例，如表 6-15 所示。

表 6-15 人和动物身体部位单词分类记忆

序号	单词	音标	中文	模块	故事
1	head	/hed/	头	同音：害得	害得我头疼
				h 马 / ea 吃 / d 狗	马和狗都在低头吃食
2	brain	/breɪn/	大脑	b 熊 / rain 雨	雨淋湿了熊的脑袋
3	face	/feɪs/	脸	拼音：法厕	法国的厕所里可以洗脸吗
4	hair	/heə(r)/	头发	同音：孩儿	孩儿的头发
				h 马 / air 空气	马的头发在空气中飘扬
5	eye	/aɪ/	眼睛	e-y-e	两个 e 像眼睛 / y 像鼻梁
6	ear	/ɪə(r)/	耳朵	同音：一夜	耳朵一夜就能长出来吗
				ea 吃 / r 兔子	吃兔耳朵
7	nose	/nəʊz/	鼻子	no 不 / se 色	鼻子是不能闻出颜色的
8	mouth	/maʊθ/	嘴	同音：骂我死	谁的嘴巴敢骂我死
				mou 某 / th 土豪	某个土豪的嘴巴
9	tooth	/tuːθ/	牙齿	同音：吐司	他的牙齿不能吃吐司面包
				too 也 / th 土豪	土豪的牙齿也镶金吗
10	neck	/nek/	脖子	同音：耐克	在脖子上挂双耐克鞋
				ne 网 / ck 刺客	用网缠住刺客的脖子
11	shoulder	/ˈʃəʊldə(r)/	肩膀	同音：瘦的	一个很瘦弱的肩膀
				should 应该 / er 儿子	儿子应该学会用肩膀去承担责任
12	heart	/hɑː(r)t/	心脏	同音：哈特	哈哈，你的心脏很特别
				he 他 / art 艺术	他有一颗艺术的心脏
13	arm	/ɑːm/	手臂	同音：阿母	阿母的手臂
				ar 爱人 / m 老鼠	我爱人的手臂上纹了一只老鼠
14	hand	/hænd/	手	同音：焊的	这是只焊接的手吗
				h 马 / and 和	《马和手》

记忆的本质是线索

续表

序号	单词	音标	中文	模块	故事
15	finger	/ˈfɪŋɡə(r)/	手指	同音：分割	分割开手指
				f 狐狸 / in 在…里面 / ger 个人	这个人的手指在屋里面被一只狐狸给咬掉了
16	leg	/leg/	腿	同音：来个	来个鸡腿
				le 乐 / g 山羊	这只山羊没有腿却很欢乐
17	knee	/niː/	膝盖	同音：泥	膝盖上粘满了泥巴
				kn 柯南 / ee 眼睛	柯南的眼睛是长在膝盖上的吗
18	foot	/fʊt/	脚	同音：否特	他否认他的脚很特殊
				f 狐狸 / oo 眼镜 / t 老虎	狐狸戴着眼镜寻找老虎的脚印
19	wing	/wɪŋ/	翅膀	同音：蚊	蚊子也有翅膀
				w 狼 / ing 鹰	狼咬掉了鹰的翅膀
20	blood	/blʌd/	血	同音：不辣的	血是不辣的
				b 熊 / loo-100 / d 狗	这只熊的身上沾着 100 只狗的血

最后，我们来总结一下三元单词法：

1. 单词是表音文字，按照自然拼读中的音节进行单词的拆解是符合单词构词原理的方法，也是科学有效的方法。

2. 三元单词法记忆单词的最小记忆单元是音节，而不是字母。因为按音节进行记忆的信息点数量更少，所以比按单个字母记忆的效率更高。

3. 单词的音节是字母，单词的中文意思是汉字，它们是两种不同的信息类型，不能直接相连，因此需要先把音节转化成汉字，这就是字母编码表。

4. 把音节的编码跟单词的中文意思用一句话故事法相连，就是编码故事法。

5. 汉语同音法的最大价值是把单词的字母转化成了汉字，这样就把单词的字母与单词的中文意思转化成了同一种语言体系，就可以在它们之间建立线索，既可以记住单词的读音，又可以记住单词的中文意思。

6. 三元单词法既可以记住单词的音形义三元素，也是自然拼读法、编码故事法和汉语同音法这三种方法的有机组合。

至此，整套线索记忆的方法已介绍完成，有人在读完本书后，由于是第一次接触线索记忆，或者是之前接触过一些其他的记忆方法，有可能还有一些疑问，这是正常现象，我们就此做些解答。

疑问一：线索记忆法是不是就是联想记忆法？

　　联想只是基础的能力，不是具体的方法。联想也就是想象力，和视力、听力一样，都带一个"力"字，是一种最基础的能力，无处不在，随时在用。基础能力是人之为人的基本特征，而方法则是智慧的结晶。人人都会联想，但不是人人都会用记忆方法。能力是抽象的，而方法则是具体的，就像记忆法和记忆力的关系一样，我们是靠记忆法去提升记忆力的，而不是反过来为之。在线索记忆的理论部分也介绍过，想象力是人类智力的核心，人类的所有思维活动都离不开想象力，记忆也不例外。如果记忆法被称为"联想记忆法"，那么也可以说有"联想推理法""联想理解法""联想观察法"和"联想创造法"等。联想是能力而不是方法，关键是看联想出来了什么，联想出来图像就是图像记忆法，联想出来线索就是线索记忆法。

疑问二：线索记忆法真的有效果吗？

　　想要知道梨子的味道，你得亲口尝一尝。大家如果亲自尝试过记忆本书中的大量案例，你就能从中体会到线索记忆法的真实效果。线索记忆法并不是凭空得来的，而是经历了一个长达七年的研发过程。我们首先阅读了市面上大部分关于记忆法的书籍，只是"纸上得来终觉浅"；随后又不远万里去国内大部分知名的记忆培训机构学习，算是读过万卷书，行过万里路；最后我们又自己开设记忆培训机构来进行实地教学。只是我们最初阅读、学习和所教的都是图像记忆法，在

记忆的本质是线索

教学过程中发现这种方法并不具有通用性，随后我们又开始追根究底式地苦苦思索，反复尝试，最后算是天道酬勤，终于觅得灵感，发现原来线索才是记忆的本质！实践是检验真理的唯一标准，这套方法是源于苦苦的思索，无数次的尝试和数年的实践，是经千锤百炼过的线下课程流程和PPT教学内容的书面表述，并不是纯理论的自圆其说。线索记忆适用于汉字、数字和字母三大中文信息类型，虽然对这三种信息类型记忆效率的提升并不完全相同，但经大量实践证明，整体记忆效率提升一倍还是能保证的。同时，也可以节约一半的记忆时间，以前每天需要花费一个小时才能记住的知识点，现在只需半个小时就可以做到。

疑问三：线索记忆法真的有通用性吗？

整套线索记忆法有一个特点，就是既授人以渔，亦授人以鱼，既有一套完整的记忆方法，也有一套利用这种方法加工过的各科目同步记忆教材。各科目同步记忆教材的成功研发也直接证明了线索记忆法的通用性。学习过程分为理解、记忆和应用三个环节，市面上的同步教辅书也应该分为理解类的教辅书、记忆类的教辅书和应用类的教辅书这三大类别。但是大家有没有发现，市面上实际只有理解类的教辅书（包括各种状元笔记和学霸笔记等）和应用类的教辅书（包括各种真题和密卷等）这两大类别，却没有记忆类的教辅书，这是什么原因呢？就是因为之前并没有一套通用的记忆方法！没有通用的记忆方法也就没法对同步知识点进行记忆加工，所以也就没有记忆类的同步教辅书。

我们曾无数次地思考过"记忆的本质到底是什么"，寻找到事物的本质，也就能找到放之四海而皆准的真理，本书通过大量的事实和理论来证明了"记忆的本质是线索"。本质的东西必定满足通用性，如果不是，就不能称之为本质。同时，通用性的方法也反过来证明了它就是事物的本质，本质和通用性是可以互相证明的两种存在，它不会因人而异，因事物而异。

疑问四：为什么感觉有些线索记忆的元方法似曾相识？

任何一套理论的诞生都不是凭空得来的，都是源于大量的事实现象和不断的研究思索，都是发现了不同现象背后的共同规律。线索记忆法也是源于大量学习中已经在使用的记忆方法或是记忆现象，所以有人会感觉似曾相识。大家有可能之前有意无意地使用过其中一种或是几种记忆方法，有意无意地使用过也从侧面证明了这种方法的有效性。为什么之前没有形成系统的理论呢？前面也介绍过，这套方法是读过万卷书，行过万里路，经过万人实验才得以最终形成的，如果没有这样一个复杂而漫长的过程，只是简单地肤浅地用一用，是很难发现众多记忆方法背后的共同规律的。市面上可以找出的记忆方法多达数十种，名称也是五花八门，只有抽丝剥茧，破除迷雾，才能最终找到这些方法背后的本质，才最终总结成了线索记忆的四大连接方法和两大转化方法，五花八门的记忆方法都是这四种元方法的变式或是排列组合。大家都看到过苹果掉到地面上而没有飘到空中这一再正常不过的生活现象，都觉得这是司空见惯的，没有引起注意。只有牛顿仔细思考了这一现象，并通过反复的研究和大量的计算才总结出了万有引力这一科学规律，也是同样的道理。

疑问五：有些线索记忆法加工出的内容与事实不符，会不会有什么影响？

为了使线索连接得牢固和紧密，联想出的线索越奇特、越有趣，记忆效果就会越好，这是属于正常的艺术加工现象。正常人肯定可以分清现实生活和艺术虚构的区别。这就好比动画片中好多动物都会说话一样，连五六岁的孩子都知道这是虚构的，正常生活中动物是不会说话的，这只是艺术加工的需要。同样，奇特有趣的线索联想只是为了满足记忆效果的需要，正常人是可以轻易分辨的。

疑问六：个别想象出的连接有些生硬会影响记忆效果吗？

个别一字法组合或是转化好的线索与问题之间进行连接时会出现想象有些生硬的情况，对待这种情况，我们的观点是"先解决有无问题，再解决好坏问题"。线索记忆和重复记忆的最大区别就是有没有线索，生硬一点的线索也比一点线索都没有要好记。首先要保证一定要有线索，再来解决生硬不生硬、自然不自然的问题。其次，这种连接毕竟是把两种完全不相关的东西通过想象给编排在一起，肯定有些难度，所以我们一定要主动发挥想象力的作用来解决连接好坏的问题，因为想象力发挥得越充分，想象的结果也就越自然，连接得也就越牢固。

疑问七：三元单词法中的汉语同音法是否会影响到单词的正确发音？

这个问题我们在方法介绍中也回答过，这里再赘述一下。首先，认为汉语同音

记忆的本质是线索

法会影响到单词的正确发音这个观点是部分人的主观推测，并无事实现象做支撑，更无科学依据。其次，科学研究和大量生活经验都表明，人脑是完全能够分清主要和次要的关系，分清哪个是单词的正确发音，哪个只是辅助记忆的汉语同音，并且，还有好多学习场景会告诉你这个单词的正确发音，如老师的领读、单词的音标和各种听读资料等，你完全不必有这个担心。再次，记忆有短期记忆和长期记忆之分，任何一种记忆方法都是把一个知识点从短期记忆带向长期记忆的拐杖，当这个知识点变成长期记忆后，这根拐杖就可以扔掉了。汉语同音法也是这样的一根把一个单词从刚开始接触时还陌生的短期记忆，变成一辈子都牢记不忘的长期记忆的拐杖，当这个单词变成长期记忆后，这根拐杖就可以扔掉了。汉语同音法只是一次性的、辅助性的，我们最终牢记的、陪我们一辈子的肯定是这个单词的正确发音。人并不会因为使用了拐杖而忘记了怎样直立行走，同样也不会因为使用了汉语同音法而忘记了单词本来的发音。最后，如果你确实纠结于这一点，那你也完全可以弃用汉语同音法，而选用三元单词法中的另外两种方法，不要因为这个不是问题的问题而影响到对整个单词记忆方法的使用，导致产生因小失大的遗憾。

疑问八：线索记忆法是不是把简单的事情变复杂了？

在本书故事法的案例介绍中，有一个关于老舍话剧代表作的知识点。在这个知识点中，老舍的话剧代表作共有八部，作品名称共有 21 个字，编成的记忆方法有八九十个字。因为编成的记忆方法中的字数明显比原先八部作品名称的字数要多，有些人就因此认为，这是不是把简单的事情变复杂了？是不是增加了记忆的负担？首先一点，你得承认，让一个正常人把这八部作品的名称重复读八遍，他也很难做到一部不漏地把它们都复述出来。其次，这个编成的记忆方法中的八九十个字并不是让你一字不落地逐字逐句地全都记下来，大部分的文字都是辅助性的记忆线索，你只需要回忆起那八部作品的名称即可。最后一点，我们在线下教学时数十次的课堂测试结果表明，同样的记忆时间，没有使用线索记忆时，正常人只能记住大概三四部作品的名称，而使用了线索记忆后，大部分人只记忆一到两遍就可以将这八部作品的名称全都复述出来。大量的事实和实践证明，有线索的"多"远比没线索的"少"要好记。你在一个无聊的地方多待一分钟都会感觉手足无措，而在一个好玩的地方待上一天却会感觉乐不思蜀，也是这个道理。